U0632445

生命科学

探究式学习丛书

Tanjiushi Xuexi Congshu

遗传

GENETIC

人民武警出版社

2009 · 北京

图书在版编目（CIP）数据

遗传/章振华，宋金辉编著.—北京：人民武警出版社，2009.10
（物质科学探究式学习丛书；13/杨广军主编）

ISBN 978-7-80176-393-8

Ⅰ.遗…　Ⅱ.①章…②宋…　Ⅲ.遗传学-青少年读物　Ⅳ.Q3-49

中国版本图书馆 CIP 数据核字（2009）第 192325 号

书名：遗传

主编：章振华　宋金辉
出版发行：人民武警出版社
经销：新华书店
印刷：北京龙跃印务有限公司
开本：720×1000　1/16
字数：150 千字
印张：12.125
印数：3000-6000
版次：2009 年 10 月第 1 版
印次：2014 年 2 月第 3 次印刷
书号：ISBN 978-7-80176-393-8
定价：29.80 元

《探究式学习丛书》

编委会

出版说明

与初中科学课程标准中教学视频 VCD/DVD、教学软件、教学挂图、教学投影片、幻灯片等多媒体教学资源配套的物质科学 A、B、生命科学、地球宇宙与空间科学三套 36 个专题《探究式学习丛书》，是根据《中华人民共和国教育行业标准》JY/T0385 －0388 标准项目要求编写的第一套有国家确定标准的学生科普读物。每一个专题都有注册标准代码。

本丛书的编写宗旨和指导思想是：完全按照课程标准的要求和配合学科教学的实际要求，以提高学生的科学素养，培养学生基础的科学价值观和方法论，完成规定的课业学习要求。所以在编写方针上，贯彻从观察和具体科学现象描述入手，重视具体材料的分析运用，演绎科学发现、发明的过程，注重探究的思维模式、动手和设计能力的综合开发，以达到拓展学生知识面，激发学生科学学习和探索的兴趣，培养学生的现代科学精神和探究未知世界的意识，掌握开拓创新的基本方法技巧和运用模型的目的。

本书的编写除了自然科学专家的指导外，主要编创队伍都来自教育科学一线的专家和教师，能保证本书的教学实用性。此外，本书还对所引用的相关网络图文，清晰注明网址路径和出处，也意在加强学生运用网络学习的联系。

本书原由学苑音像出版社作为与 VCD/DVD 视频资料、教学软件、教学投影片等多媒体教学的配套资料出版，现根据读者需要，由学苑音像出版社授权本社单行出版。

出版者

2009 年 10 月

卷首语

孩子在许多方面很像他们的父母——孩子可能会继承父母眼睛或头发的颜色。比如你的双眼皮或卷舌,这是因为你从父亲或母亲,或双亲那里继承了这些特征。

这本书的让读者在探究与发现中学习现代遗传学,了解生活中的遗传信息和人类遗传病的资料。从中读者不仅能可以知道遗传学领域发生了什么,还能学到健康的生活态度。

目 录

常见遗传现象杂谈

窥视生命密码

探秘遗传现象

遗传中的变异

遗传与疾病

常见遗传现象杂谈

同一植株上开不同颜色的花

真有“十八学士”的茶花吗？

“段誉道：“比之‘十八学士’次一等的，‘十三太保’是十三朵不同颜色的花生于一株，‘八仙过海’是八朵异色同株，‘七仙女’是七朵，‘风尘三侠’是三朵，‘二乔’是一红一白的两朵。这些茶花必须纯色，若是红中夹白，白中带紫，便是下品了。”王夫人不由得悠然神往，抬起了头，轻轻自言自语：“怎么他从来不跟我说。”段誉又道：“‘八仙过海’中必须有深紫和淡红的花各一朵，那是铁拐李和何仙姑.要是少了这两种颜色，虽然是八色异花，也不能算‘八仙过海’，那叫做‘八宝妆’，也算是名种，但比‘八仙过海’差了一级。”王夫人道：“原来如此。”段誉又道：“再说‘风尘三侠’，也有正品和副品之分。凡是正品，三朵花中必须紫色者最大，那是虬髯客，白色者次之，那是李靖，红色者最娇艳而最小，那是红拂女。如果红花大过了紫花、白花，便属副品，身份就差得多了。”

同一植株上开不同颜色的花

http://lavenderbell.blogspot.com/2008/02/trip-to-melaka-part-2.html

在《天龙八部》，把对茶花的描写推到了登峰造极的地步。许多人想知道金庸说得是真是假。一株茶花上开十八种朵，而且每朵茶花颜色不同，真有这样的品种吗？目前的现代园艺技术根本无法办到。变通的方式是嫁接,但嫁接出来的植株不符合园艺上品种的定义,不能称之为品种。

同一植株上开不一株植株上开出两种颜色的花是由于变异导致的

一株茶花上虽然无法开出十八种颜色的花,但一株植株上却能开出两三种不同颜色的花来,而且不是人为的。

笔者曾看到过一株原本开粉红花的杜鹃树,竟开出了粉红、紫红和粉红、紫红各半的三种不同颜色的花朵。而且粉红、紫红各半的“双色”花颇为奇特,连分色线所经过的两片花瓣也各自出现上述两种颜色。据专家介绍,这种一株三花各异及“一瓣双色”同时出现的奇异现象实在属罕见。

这种一株三花各异的现象属遗传上的变异,是隐性基因隔代遗传显示出的特性,这种情况在植物自然生长的条件下,出现的概率极低。

小麦的来历

小麦是人类最重要的农作物,不论面积还是总产,都居于各类粮食的首位,种植的历史也悠久,可以一直追溯到遥远的古代。可是它的一个最重要物种——普通小麦的起源,却始终是个谜,找不到答案。

小麦如何起源的?

小麦是人类最重要的农作物,不论面积还是总产,都居于各类粮食的首位,种植的历史也悠久,可以一直追溯到遥远的古代。可是它的一个最

重要物种——普通小麦的起源，却始终是个谜，找不到答案。

同一植株上开不一株植株小麦是人类最重要的农作物，小麦的起源直到最近才揭示。

遗传学研究蓬勃兴起以后，一位日本科学家对普通小麦染色体组作了仔细分析，终于明白，原来它的遗传因素简直像杂货摊那样拼凑起来的——是由一粒小麦、拟斯卑尔脱山羊草和方穗山羊草等三种植物杂交而成。形成过程分成两步：

第一步，一粒小麦（2n = 14）和拟斯卑尔脱山羊草（2n = 14）发生属间杂交，产生了14个染色体的杂种，由于这些染色体七个来自一粒小麦，七个来自拟斯卑尔脱山羊草，差异很远，减数分裂时无法配对，所以杂种高度不育。以后，由于偶然机会，染色体经历加倍（2n = 28），使得每个染色体都有了对偶，于是恢复了可孕性，这就是四倍体野生二粒小麦的起源。

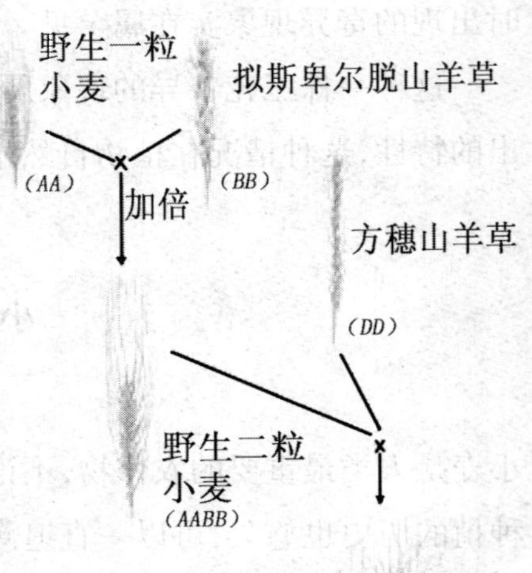

小麦起源示意图

202.116.160.98:8000/course/ycx/Course/14-7.htm

第二步，由四倍体野生二粒小麦（2n = 28）和方穗山羊草（2n = 14）杂交，并经染色体加倍，形成了具有42个染色体的六倍体，这才是今天普通小麦的真正祖先。

那么这个假设究竟有没有依据呢？不但有，而且很生动。其中最重要的一点就是人们发现，如果按照上述步骤合成的人工六倍体小麦，那么它不但在形

态上和普通小麦相似，而且两者杂交后，染色体配对得非常协调，结实率也很正常，就像“种内交配”那样。这样就重演了大自然的杰作——普通小麦的确是由以上几个物种组合起来的。

小麦还能增加染色体组吗？

小麦与黑麦的亲缘关系比较近，并且容易形成属间杂种，我国已将六倍体小麦与二倍体黑麦杂交成功，育成了八倍体小黑麦。

黑麦与六倍体普通小麦杂交，杂种通过秋水仙素或低温处理使然色体加倍，即得八倍体小黑麦。

小黑麦是小麦和黑麦的属间杂交种，属于八倍体植物。

http://www.stpetersabbey.ca/prairie_garden_seeds/ancient_wheats/gallery.html

秋水仙素或低温处理属于人工诱导。

马和驴的后代

骡子是一种动物，有雌雄之分，但是没有生育的能力，它是马和驴交配产下的后代，分为驴骡和马骡。公驴可以和母马交配，生下的叫“马骡”，如果是公马和母驴交配，生下的叫“驴骡”，马骡个大，具有驴的负重能力和抵抗能力，有马的灵活性和奔跑能力，是非常好的役畜。这种现象在生物学上称为“杂种优势”。

驴骡个小,一般不如马骡好,但有时能生育。

公马和母驴的基因更容易结合,所以大部分骡都是这样杂交的。不过基因结合的几率还是很小:有的马用了6年时间才成功的交配并弄到驴子怀孕。公和大部分母骡子生出来是没有生殖能力。没有生殖能力是因为两个物种有不一样数目的染色体:驴子有62个染色体而马有64个。母骡有性功能,子宫可以可以怀胚胎,但是最困难的地方是使母驴怀孕。

公马和母驴后代驴骡

马和驴子都是二倍体生物,马产生的生殖细胞含有32条染色体,驴产生的生殖细胞含有31条染色体,马和驴交配产生的骡子(包括公马配母驴所生的駃騠和公驴配母马所生的骡子)的染色体为63。因为马和驴的染色体是异源的,所以骡的性原细胞在减数分裂时同源染色体配对紊乱,一般无法形成正常的生殖细胞,故不能产生后代,是不育的但古今中外却不乏偶然见到能够生驹的母骡和母駃騠。

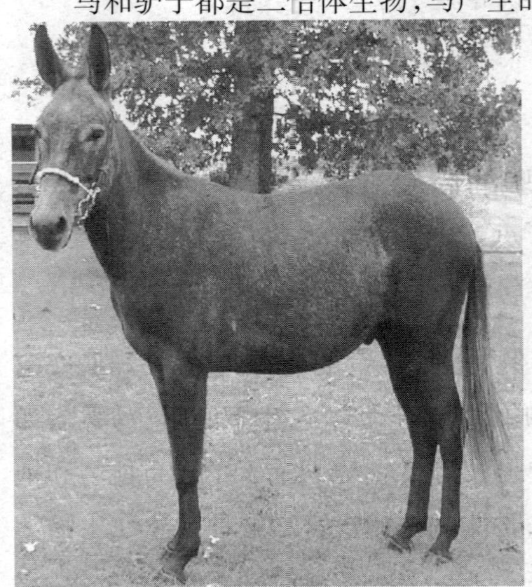

长寿能遗传吗

人的寿命究竟有多长？从古到今，这个问题一直牵动着千千万万人的心，炼丹求药，打卦算卦，求神仙，问上帝等等，花样之多，无奇不有。

长寿能遗传吗？

人们已经发现，有些家族中的成员个个长寿，如广西巴马瑶族自治县的长寿群体，相当多的家族中出现两个或者两个以上的90岁以上老人，表现出明显的家族遗传倾向。而有些家族就相对比较短命，《陔余丛考》中记载："昔谢庄自谓家世无高年。高祖四十，曾祖三十二，祖四十七。庄亦四十六而死。"由此可见，从寿命长短具有家族聚集倾向性方面来说，寿命是有遗传基础的。

著名遗传学家摩尔根曾经说过"遗传的特性决定人的寿命"．其中最有说服力的是对同卵双生子的调查。有人统计60－75岁死去的双胞胎，男性双胞胎死亡的时间平均相差四年，女性双胞胎仅差两年。而普通同胞因年老而死亡者平均相差9年之多。曾经有个真实的关于一对同卵双胞胎的报道，一个嫁与大农场主为妻，育有多个孩子；另一个当裁缝勉强糊口，孑然一身。可是，姐妹俩相继在26天内死于脑溢血。

寿命受哪些因素影响？

人的寿命主要通过内外两大因素实现。内因是遗传,外因是环境和生活习惯。遗传对寿命的影响,在长寿者身上体现得较突出。一般来说,父母寿命高的,其子女寿命也长。德国科学家用 15 年的时间,调查了 576 名百岁老人,结果发现他们的父母死亡时的平均年龄比一般人多 9 ~ 10 岁。美国科学家发现,大多数百岁老寿星的基因,特别是"4 号染色体"有相似之处。研究人员希望能够开发出相应的药物帮助人类益寿延年。

据调查男性双胞胎平均年龄相差 4 岁,女性双胞胎平均年龄相差 2 岁。

长寿村一般都位于山清水秀的地方,环境很少受到污染

"外因"也不可忽视。寿命也受环境因素的影响,如饮食习惯、生活环境、工作环境等,也在不同程度上左右着人们的寿命。人的寿命最多能活 120 ~ 175 岁。但为什么很少有人能活到这一高龄呢?问题在于后天因素。影响人类健康和寿命的"后天因素"确实很多:自由基对身体的损害,生存环境的恶化,不良的生活方式,人体垃圾(大肠内的粪便和肝脏细胞的被堵塞)造成的自身中毒等等,在人生路上,各路杀手都在威胁和损害着人的健康和生命。

许多研究表明,通往长寿之路的关键还在于个人科学的行为方式和良好的自然环境、社会环境。完全按照健康生活方式生活,可以比一般人多

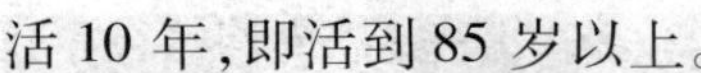

活10年，即活到85岁以上。

寻找长寿基因

据英国《卫报》报道，长期从事人体衰老机制研究的美国南加利福尼亚大学生物医学家瓦尔特·隆哥教授发现，经过基因“修改”的酵母菌，寿命延长6倍！这项试验创造了延长生物生命的最高记录。相关研究成果刊登在世界著名学术期刊《细胞》杂志上。

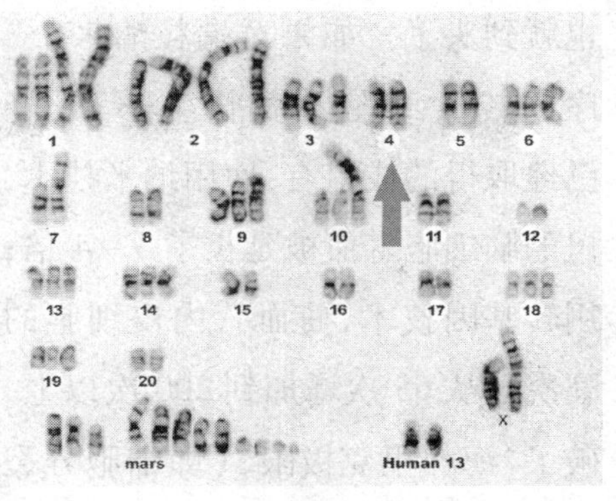

人类长寿基因可能在四号染色体上

酵母菌是单细胞生物，可完整地诠释细胞的老化机制。试验中，研究者把酵母细胞中的两个核心基因Sir2和SCH9去掉。Sir2基因通过抑制整段整段的基因组来控制寿命长短；SCH9基因主要控制细胞将营养转化为能量，专门向细胞通告现在食物是否充足。如果生物体内缺乏这两种基因，细胞就会“认为”储备的食物即将耗尽，应该将主要的“精力”放在延续生命上，而不是继续生长和繁殖。通过抑制Sir2和SCH9这两种基因的正常工作，研究人员成功地将酵母菌的寿命由自然状态下的1个星期延长到了6个星期。

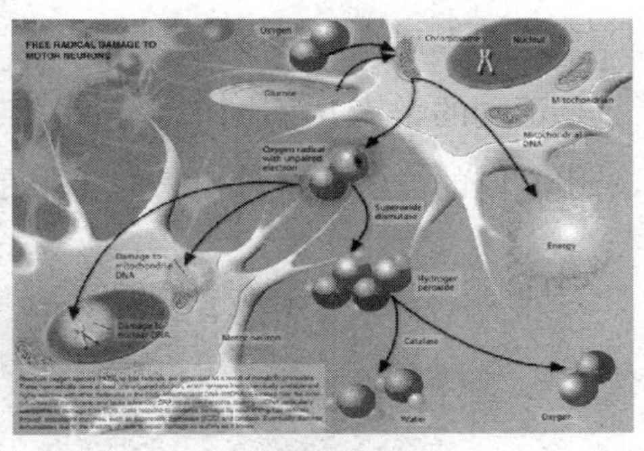

自由基破坏会神经细胞，引起衰老！

科学家们已开始在老鼠身上进行此类试验。试验鼠在去除这两种关键基因后，寿命明显延长。如果按人类的平均寿命70岁来算，一旦可以将生命延长6倍，那么人类岂不是可以活到400多岁？

现在已经发现了细胞的染色体顶端有一种叫做端粒酶的物质。细胞每分裂一次，端粒就缩短一点，当端粒最后短到无法再缩短时，细胞的寿命

也就到头了。如果对端粒酶来个"时序倒转",细胞不就长生不灭了吗?已经取得的成果有:使用纳米技术,老鼠的脑细胞寿命被延长了3~4倍;使用转基因技术,使血管内皮细胞的分裂次数从65次增加到200次以上,突破了"海弗里克极限"(即细胞分裂次数极限为40~60次)。

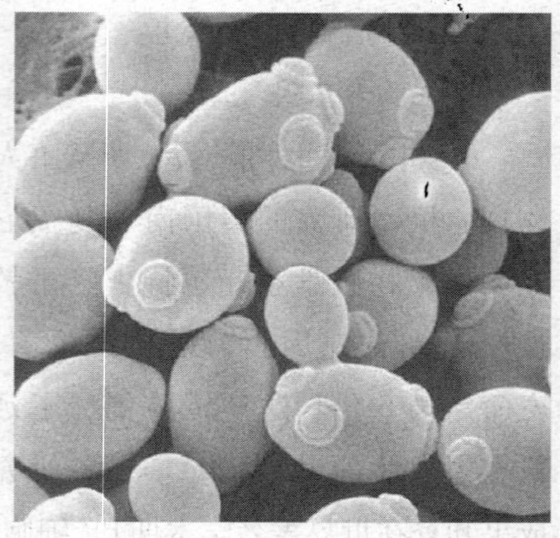

经过基因修改的酵母菌寿命延长了6倍,人类的寿命可能也可以通过基因修改而得到延长。

http://www.chemistryland.com/CHM107/EarlyChemistry/PreservationChemistry/PreservationChemistryQuestions.html

人类寿命极限有多长?

正常人到底能活多少年?

不同的学者从不同的视角考察,采用不同的方法所推算出来的年限是不同的。巴丰寿命系数:生物学家巴风提出,哺乳动物的寿命约为其生长期的5~7倍。一般认为,人类生长期完成约在20~25之间。因此,人类的最高寿限应在100~175岁。

经过基因修改的老鼠寿命明显延长(小的那个),这让人类看到延年益寿的希望

海佛里克研究:美国著名细胞学家海弗里克通过大量的研究发现,人类细胞分裂代数约在50次左右,平均每个分裂周期约为2.4年,其最高寿限应为120岁左右。埃尔蒙斯基系数:前苏联著名生物学家埃尔蒙斯基则认为,人类的发育与寿命有一个变异系数,此系数为15.15。人类怀孕期为266天,此值乘以15.15为11年,11年再乘15.15为167年,即是人类的最高寿限。

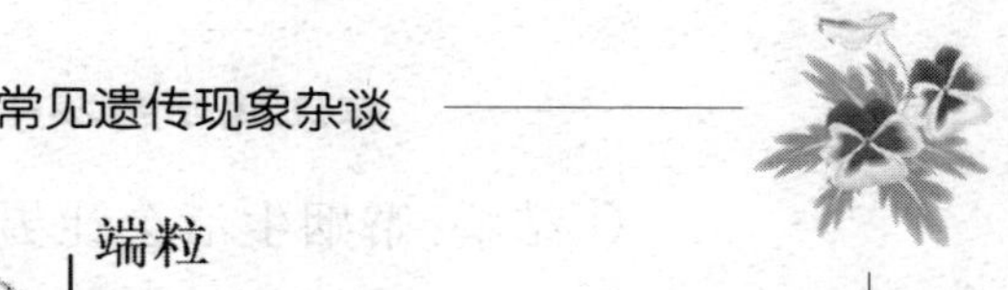

以上各种方法推算结果表明，人类正常的自然寿命都应该在100岁以上。然而很少有人能超过100岁，正是受环境因素的影响。

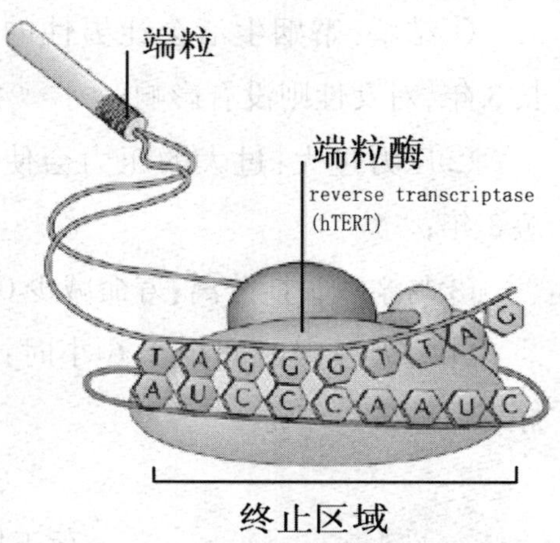

染色体端粒酶的缩短意味着生命的缩减

http://www.nature.com/nrd/journal/v5/n7/fig_tab/nrd2081_F1.html

如何才能健康长寿？

健康长寿一直是人类梦寐以求的愿望。长期以来，养生保健界的主要倾向是偏重进补，忽视了身体内部新陈代谢的整体过程。近几十年来，在外国民间有一批医生和养生家，以及我国医界一批有识之士在继承先人经验的基础上，认为清理体内垃圾和毒素，保持良好的“内部生态环境”，这样能使人不早衰，少得病，不得重病，不得绝症，并可益寿延年。当今，养生实践日益证明，只有清理体内垃圾，才能确保长寿健康的基本。

人类寿命极限到底多长呢？

你想健康长寿吗？可以从现在开始，注意锻炼，注意清理体内垃圾和毒素，你也可以当百岁老人。

算算你能活多久？

科学家们经过研究得出一个寿命计算公式，仅作参考。

如果您是一位男性，请以86岁作为基数，依次回答以下问题并计算；如果您是一位女性，请以89岁为基数。现在开始计算：

①结婚:婚姻生活会让男性的寿命延长 3 年,对女性则没有影响;

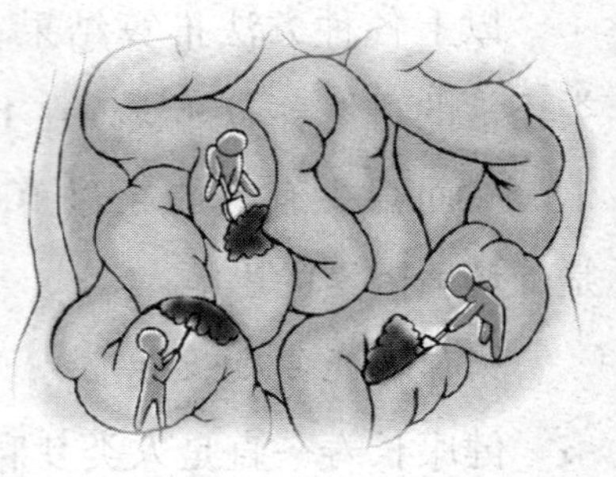

清理体内垃圾和毒素能延缓衰老

group. kangq. com/tipsView. html? tid = 16554

②压力过大:过大的压力会使寿命缩短 3 年;

③与亲人长期分离:寿命减少 0.5 年;

④每天睡眠时间少于 6 小时:休息不好寿命减少一年;

5 种食物将你体内毒素扫光

http://space. yoka. com/blog/1277930

⑤超负荷工作:过量劳作,寿命减少一年;

⑥认为自己可能病了,或觉得自己老了:寿命减少一年;

⑦每天抽 10 根烟:寿命减少 5 年;每天抽 40 根烟:寿命减少 15 年!

⑧每天饮茶一杯:寿命延长 0.5 年;每天饮用含咖啡因的饮品:寿命减少 0.5 年;

⑨每天饮用啤酒超过 3 杯/含酒精的饮品超过 3 杯/4 杯白酒:寿命减少 7 年;

⑩不刷牙:卫生习惯不好,寿命减少一年;

⑪不采取任何防晒措施/频繁晒日光浴:寿命减少一年;

⑫肥胖:寿命减少 5 年;

⑬每天食用未完全煮熟的肉:寿命减少 3 年;

⑭经常食用垃圾食品:寿命减少 2 年;

你想知道哪些生活因素影响着你的寿命?

⑮喜食不健康、无营养的快餐:寿命减少一年;

⑯每天不止一次吃甜食:寿命减少一年;

⑰体育锻炼:长期不活动,寿命减少一年;每天锻炼至少30分钟:寿命增加5年;

⑱不能保证至少每两天一次大便:寿命减少0.5年;

如果睡眠不好会影响寿命

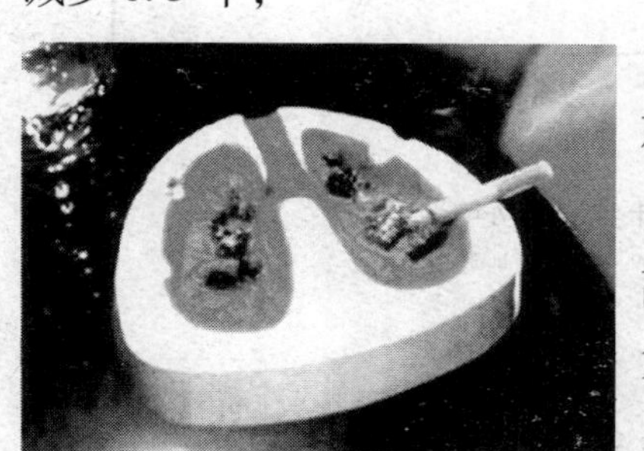

香烟有害健康

⑲定期做身体检查,避免癌症:寿命增加一年;

⑳血压有点偏高:寿命减少一年;血压高:寿命减少5年;血压非常高:寿命减少15年;体内胆固醇高:寿命减少2年。

人类寿命的两次飞跃

纵观过去的200年间,人类寿命经历了两次飞跃。

第一次从18世纪人口平均预期寿命的30岁增长到1900年的45岁,主要原因是生产力的发展解决了人类的饥荒,改善了卫生条件。

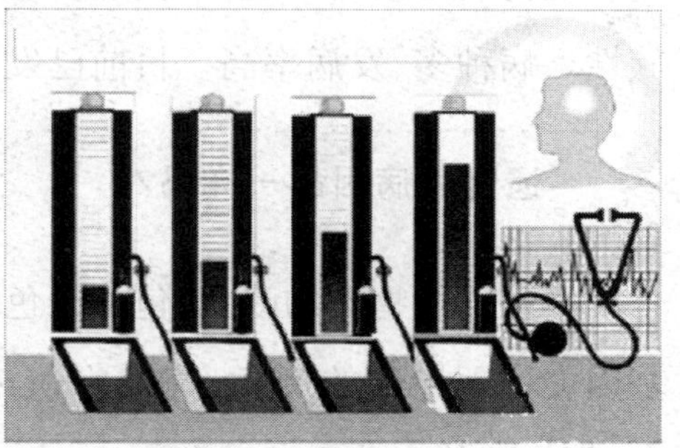

血压升高,而寿命却会降低

第二次飞跃从45岁到1996年的76岁,这是由于科学技术的突飞猛进,医学革命中各种抗生素战胜各种传染病的结果。

在认识衰老机制和延长寿命方面均有所突破的21世纪,人类的寿命将面临着第三次飞跃。

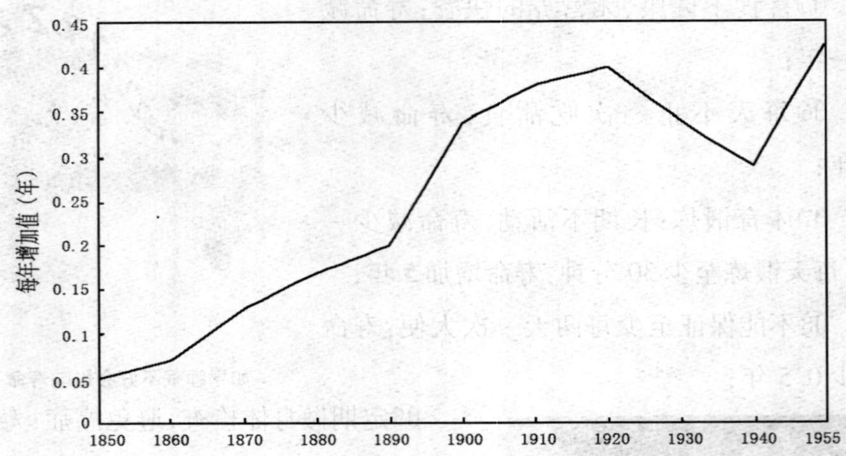

从 1840 年开始，人类寿命每十年增加两年半

http://www.gsjsw.gov.cn/html/sjrksj/09_40_35_694.html

人类遗传病知多少

遗传病是指由于遗传物质改变所致的疾病。具有先天性、终生性和家族性。病种多、发病率高。目前已发现的遗传病超过 3000 种。

遗传病病因都一样吗？

由于遗传物质的改变，包括染色体畸变以及在染色体水平上看不见的基因突变而导致的疾病，统称为遗传病。根据所涉及遗传物质的改变程序，可将遗传病分为三大类

单基因遗传病

单基因遗传病（1 种病由 1 对基因决定）约有 3360 多种，如家族性多发性结肠息肉症、成骨不全症、牛皮癣、高胆固醇血症、多囊肾、神经纤维瘤、

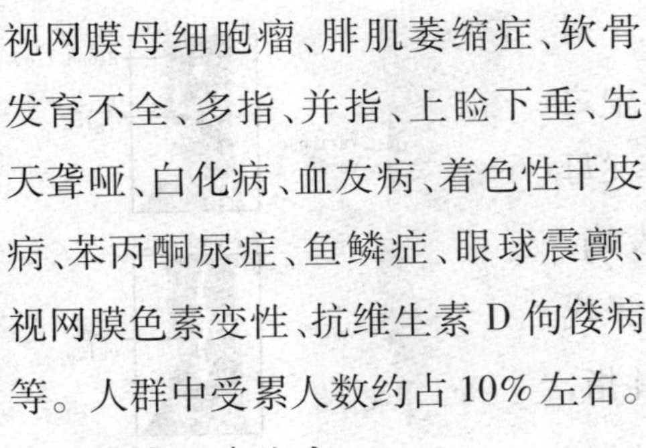

视网膜母细胞瘤、腓肌萎缩症、软骨发育不全、多指、并指、上睑下垂、先天聋哑、白化病、血友病、着色性干皮病、苯丙酮尿症、鱼鳞症、眼球震颤、视网膜色素变性、抗维生素 D 佝偻病等。人群中受累人数约占 10% 左右。

遗传病(洛氏综合症)

www.lowetrust.com/JROSSAPPEAL.htm

多基因遗传病

高血压、支气管哮喘、冠心病、糖尿病、类风湿性关节炎、精神分裂症、癫痫、先天性心脏病、消化性溃疡、下肢静脉曲张、青光眼、肾结石、脊柱裂、无脑儿、唇裂、腭裂、畸形足等。人群中受累人数约占 20% 左右。

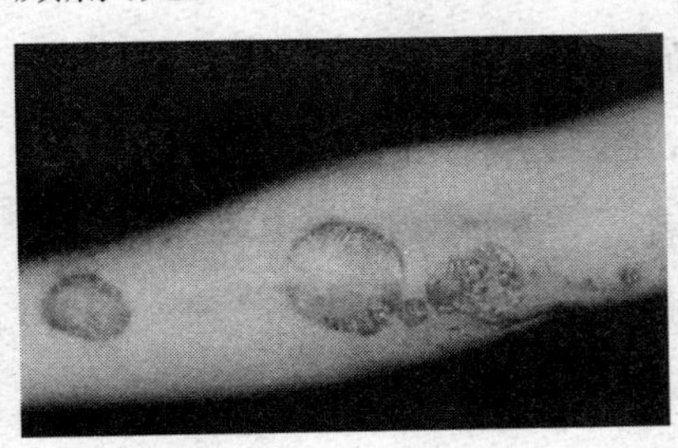

牛皮癣

http://dermatology.about.com/od/dermphotos/ig/Psoriasis-Pictures/Psoriasis-Plaque-Elbow3.htm

染色体病

染色体病(染色体异常所致的遗传病)近 500 种,如先天愚型(伸舌样痴呆)、原发性小睾症、先天性卵巢发育不全症、两性畸形等。人群中受累人数约占 1% 左右。

以上各类遗传病发病率加起来约为 30%,而且还有逐年增加的趋势。因此,不能再笼统他说遗传病只是一种罕见之症。

什么是显性遗传病?

什么是隐性遗传病?

由单个基因的突变导致的单基因病分别由显性基因和隐性基因突变所致。

白化病家族

http://www.austinchineseschool.org/class/advA/albinism.htm

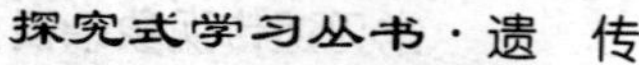

所谓显性基因是指等位基因中(一对染色体上相同座位上的基因)只要其中之一发生了突变即可导致疾病的基因。父母一方有显性基因,一经传给下代就能发病,即有发病的亲代,致病基因传给子代,子代必定发病,有代代相传现象,如多指,并指,原发性青光眼等。

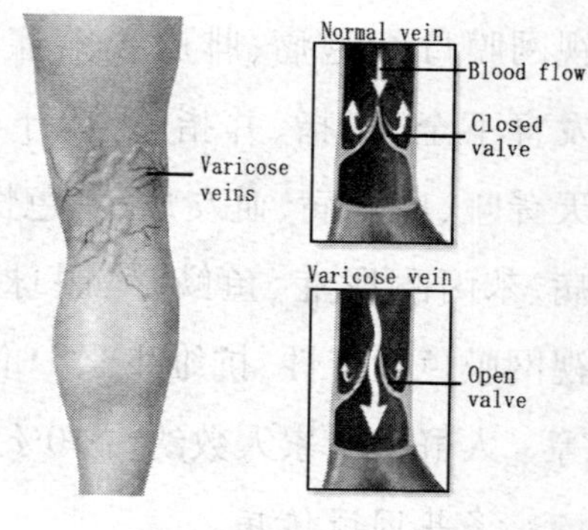

静脉曲张

隐性基因是指只有当一对等位基因同时发生了突变才能致病的基因。双亲外表往往正常,子代也有可能患病,如先天性聋哑,高度近视,白化病等,之所以称隐性遗传病,是因为患儿的双亲都是致病基因的携带者。

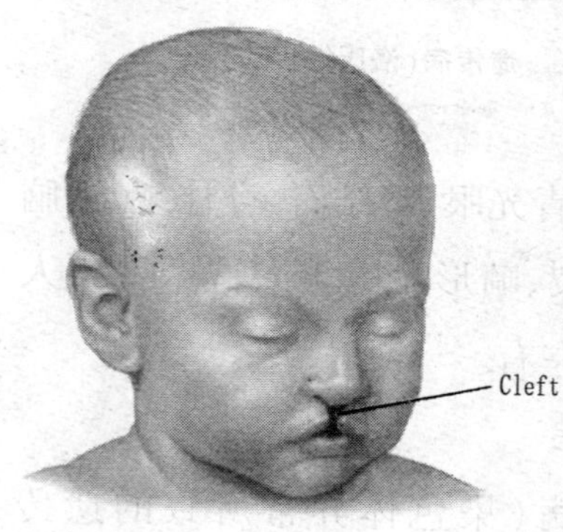

唇裂(兔唇)

apps. uwhealth. org/health/adam/sp/13/100010. htm

遗传病能治愈吗?

绝大多数遗传病无法治愈。因为现代医学还不能改变已出生的人的基因,所以只要致病基因还在,就无法治愈。但是某些病可以通过不停地用药来缓解病情。

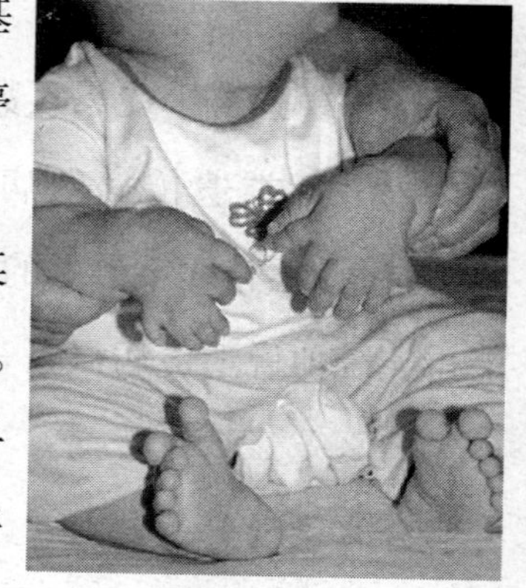

多指

http://www. jmfcw. com/html/200608/04

手术矫治指采用手术切除某些器官或对某些具有形态缺陷的器官进行手术修补的方法。如对于多指、兔唇及外生殖器畸形等,可通过手术矫治。又如,狐臭也是一种遗传病,但只要将患者腋下分泌过旺的腺体剜掉,即可消除病患。

基因治疗遗传是一种根本的和有希望的方

法。即向基因发生缺陷的细胞注入正常基因,以达到治疗目的。基因治疗说起来简单,可事实上是一个相当复杂的问题。首先必须从数十万基因中找出缺陷基因,同时必须制备出相应的正常基因,然后将正常基因转入细胞内替代缺陷基因,并能够进行正常的表达作用。此种治疗方法,目前还处在研究和探索阶段之中。

值得特别提出的是,在基因疗法还没有彻底研究出来的现阶段,遗传病中能够用药物和手术进行治疗的,毕竟只是少数,而且这类治疗只有治标的作用,即所谓"表现型治疗",只能消除一代人的病痛,而对致病基因本身却丝毫未触及。那些致病基因将一如既往,按照固有规律传递给患者的子孙后代。

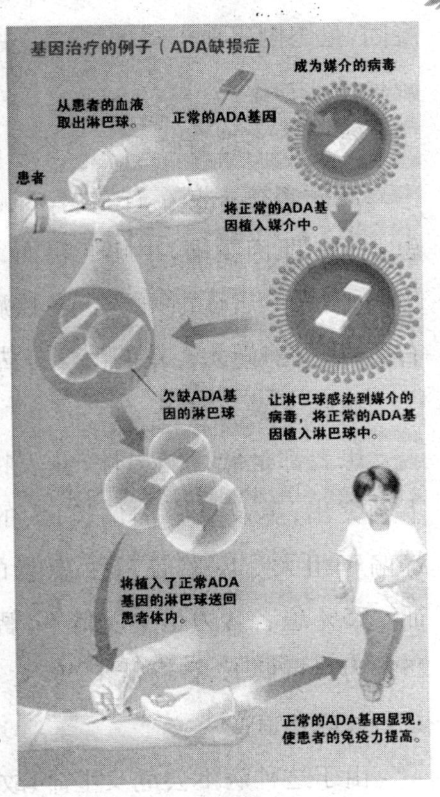

基因治疗是根治遗传病的方法,但目前还在实验阶段。

http://www.djz.edu.my/kecheng/shenwu/21keji/21keji-3.htm

偏爱男性的遗传病

随着科学的进步,特别是分子遗传学的迅速发展,人们已发现3000多种遗传病,其中大约有250种只在男性发病,女性没有或很少患病。下面介绍几种这样的遗传病。

血友病

因出血不止而死亡的男孩即为血友病患者,病人血中缺乏一种重要的凝血因子——抗血友病球蛋白,如由各种原因造成创伤出血时,血液不能

凝固，最终因出血过多而死亡。目前，这种蛋白质已可大量供应，从而大大减少了死亡率。

假肥大型进行性肌营养不良症

此病多在4岁左右发病，一般不超过7岁。患者大腿肌肉萎缩，小腿变粗而无力，走路姿态似鸭子，几年后逐渐瘫痪。多数病人在20岁左右死亡，目前尚无有效的治疗方法。

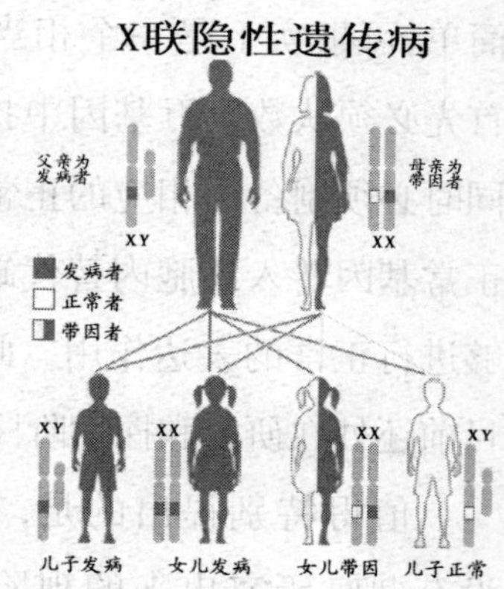

血友病属于X联隐性遗传病，遗传规律如图所示。

http://zh.wikipedia.org/wiki/X% E6% 9F% 93% E8% 89% B2% E9% AB% 94

脆性X染色体患者

患者都是低智能男性，外表特征是：前额和下颏突出，鼻及鼻唇沟偏长；大的招风耳，手足都偏于粗大。巨睾是着了患者的另一重要体征。75%患者智力呈中度低下，智商为50～70；25%为严重低下，智商低于50。

红绿色盲

由于这种病不会危及生命，故夫妻双方同时带有致病基因的可能性就多一些。这样，下一代女性就有从父母各获一条带致病基因的X染色体的可能性，因而可表现出症状。但根据统计资料，男性发病率是女性的14倍。这种病可影响青年对职业与专业的选择。

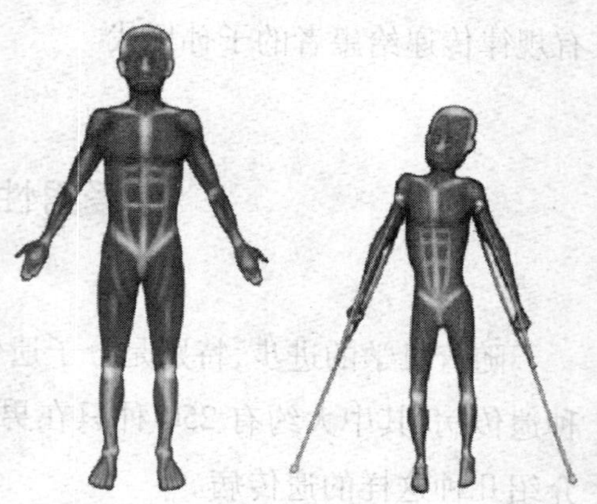

进行性肌营养不良症

http://www.humanillnesses.com/original/Men - Os/Muscular - Dystrophy.html

蚕豆病

进食蚕豆后可出现急性溶血性贫血。原因是患者体内缺少葡萄糖-6-磷酸脱氢酶，红细胞膜的稳定

性差。蚕豆病可发生于任何年龄,但9岁以下儿童多见。

一般食蚕豆后1~2天发病。轻者只要不再吃蚕豆,1周内即可自愈;重者出现严重贫血,皮肤变黄,肝脾肿大,小便呈酱油色;更严重者可死亡。据统计,蚕豆病患者中90%为男性,有的人服用伯氨喹啉、阿司匹林、磺胺药物等,也出现溶血性贫血病,是同蚕豆病原因一样的遗传病。

某些人吃蚕豆会引起急性溶血,重者会引起死亡。

www.mmmca.com/blog_anjing319/p/89582.html

秃头

造物主似乎偏袒女性,让秃头只传给男子。比如,父亲是秃头,遗传给儿子概率则有50%,就连母亲的父亲,也会将自己秃头的25%的概率留给外孙们。这种传男不传女的性别遗传倾向,让男士们无可奈何。

为什么某些遗传病偏爱男性?

人体细胞中有23对染色体,其中1对(2条)是决定性别的性染色体,女性为XX,男性为XY。染色体上携带决定人体各种性状的基因5万多个。如果基因发生变异,便可发生疾病,并能遗传给后代。如果致病基因在性染色体上,则会出现伴性遗传。致病基因在X染色体,即叫X-连锁或X-性连遗传病。

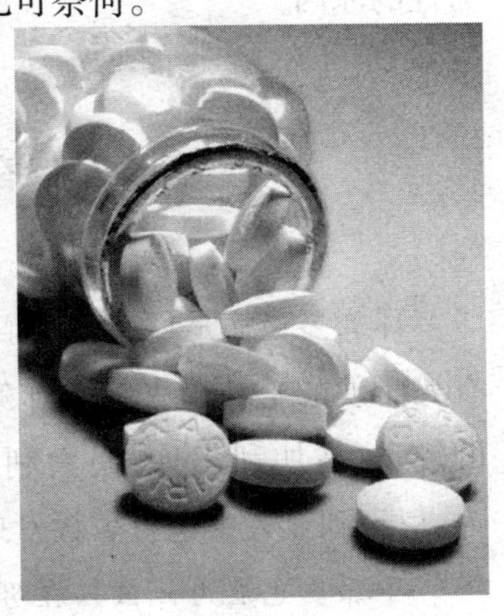

阿斯匹林药物也会引起蚕豆病患者溶血

http://www.pharmaceutical-technology.com/projects/kondirolli/kondirolli5.html

只要一条X染色体携有致病基因就可

发病的称为X－连锁显性遗传病,这种病很少,男女均可发病。只有两条X染色体上的同一位置都是致病基因才发病的称作X－连锁隐性遗传病,这种病比较常见。由于女性很难碰到两条染色体同一位置都有致病的情况,一条X染色体致病基因往往可被另一条X染色体上的正常基因所掩盖,故表现不出症状,但是致病基因的携带者与传递者。男性则不同,只有一条X染色体,若其上有致病基因,就没有相应的正常基因可掩盖,因而发病。通常若母亲是致病基因的携带者,父亲正常,则儿子中有二分之一可能是患者,女儿中有二分之一可能是致病基因携带者。这就是有些病只遗传给男性的原因。

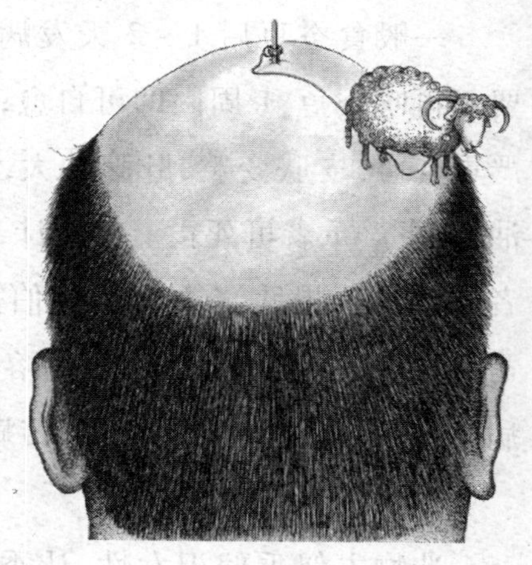

秃头男性比女性多

http://www.shm.com.cn/cartoon/2004－07/03/content_99858.htm

有没有仅在男性中出现的遗传病?

耳廓多毛症是目前学者们公认的Y伴性遗传症状。患者的耳廓上长有长而硬的毛。这种病在印第安人中发现的较多,高加利索人,澳大利亚土人、日本人、尼日利亚人中也有少数发现。

耳廓多毛症为什么只在男性身上出现?

耳廓多毛症基因位于Y染色体上,X染色体上没有与之相对应的基因,所以这些基因只能随Y染色体传递,由父传子,子传孙,

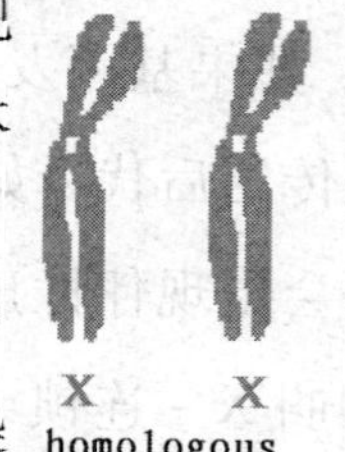

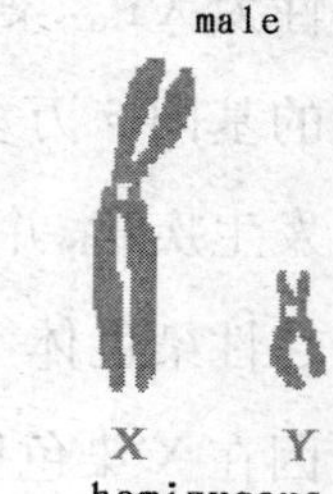

男性和女性的性染色体组成

anthro.palomar.edu/biobasis/bio_1.htm

如此世代相传。因此,被称为“全男性遗传”。

到目前为止,仅发现 Y 伴性遗传病 10 余种,这主要是因为 Y 染色体很小,其上的基因有限的缘故。这类遗传病没有显、隐性的区别,只要 Y 染色体上有致病基因的男子,就会发病。

近亲结婚后代多缺陷

达尔文的悲剧

达尔文是 19 世纪伟大的生物学家,也是进化论的奠基人。

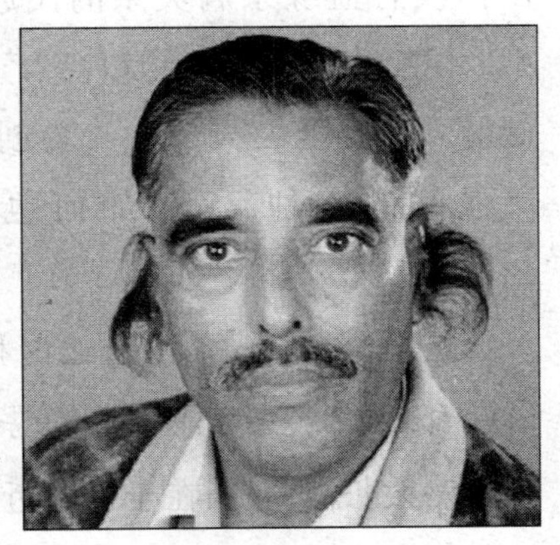

耳廓多毛症只在男性身上出现

http://news.bbc.co.uk/1/shared/spl/hi/pop_ups/05/health_guinness_medical_record_breakers/html/1.stm

1839 年 1 月,30 岁的达尔文与他的表妹爱玛结婚。爱玛是他舅舅的女儿。他们的 6 个孩子中竟有 3 人中途夭亡,其余 3 人又终身不育。这件事情让达尔文百思不得其解,因为他与爱玛都是健康人,生理上没有什么缺陷,精神也非常正常,为什么生下的孩子却都是如此呢?

达尔文到了晚年,在研究植物的生物进化过程时发现,异花授粉的个体比自花授粉的个体,结出的果实又大又多,而且自花授粉的个体非常容易被大自然淘汰。达尔文了解到:大自然讨厌近亲婚姻。同时也意识到了近亲婚配给自己的生活带来的遗憾。在还没有掌握大自然中生物界的奥秘之前,大科学家自己却先受到了自然规律的无情惩罚。这个深刻的训后来被达尔文写进了自己的论文。

摩尔根的苦果

曾经创立了“基因”学说的本世纪美国著名遗传学家摩尔根,也有一场不该出现的婚姻。他与表妹玛丽结婚后,科研工作取得了杰出的成就。后

人写的《摩尔根传》一书中说："摩尔根在事业上的成功，与玛丽的帮助是分不开的。"但是他们的两个女儿都是"莫名其妙的痴呆"，从而过早地离开了人间。他们唯一的男孩也有明显的智力残疾。

达尔文

http://faculty.frostburg.edu/mbradley/psyography/charlesdarwin.html

摩尔根夫妇以后再也没有生育。他提出："没有血缘亲属关系的民族之间的婚姻，才能制造出体质上和智力上都更为强健的人种。"他大声疾呼："为创造更聪明、更强健的人种，无论如何也不要近亲结婚。"

这两位大名鼎鼎的进化论和遗传学的巨匠都遭到遗传规律无情的惩罚，不能不说是一大悲剧，原因在于他们近亲结婚，近亲结婚后代患遗传病的概率大大增加。

为什么要禁止近亲结婚？

什么是近亲结婚？

近亲是指直系血亲和三代以内的旁系血亲。我国的婚姻法明确规定：直系血亲和三代以内的旁系血亲禁止结婚。直系血亲的关系也即父母与子女、祖父母与孙子女、外祖父母与外孙子女等；三代以内的旁系血亲是指兄弟姐妹、堂兄弟姐妹、叔伯姑与侄子女、姨舅与外甥(女)等。近亲婚配

摩尔根

www.kaiwind.com/.../fdxj/ccxj/200711/t70738.htm

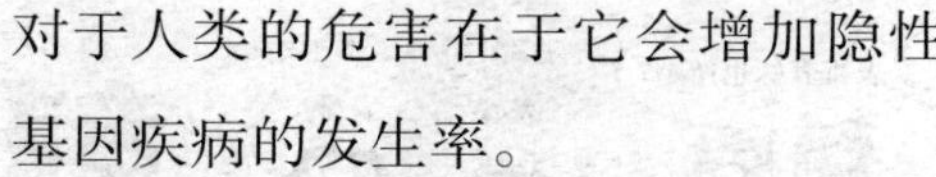

对于人类的危害在于它会增加隐性基因疾病的发生率。

近亲结婚为什么会增加后代患遗传病概率?

有些人可能携带某些遗传性致病基因,但外观上并不表现出该疾病的症状,我们称之为"隐性遗传病携带者"。据世界卫生组织估计,人群中每个人约携带5~6种隐性遗传病的致病基因。而相同血缘的近亲有很大的可能是携带同一种疾病的基因,如果携带同种遗传性疾病的基因的两个近亲结合,那么他们的后代就可能同时遗传父母的隐性遗传病基因,同时具备两个隐性遗传病基因的个体就会表现出病症,所以患遗传性疾病的机会就增加了。如果与不是相同血缘的其他人结合,携带同一种遗传性疾病基因的机会就很小,那么他们的后代患遗传性疾病的机会就大大地减少了。

我国婚姻法禁止近亲结婚

http://www.scol.com.cn/society/qwqs/20040618/2004618172803.htm

有统计表明,近亲结婚后他们的下一代儿童死亡率比非近亲结婚的高出3倍,其后代遗传性疾病的发病率比非近亲结婚的高出150倍。

如何判断是第几代近亲结婚?

从有共同祖先的那一代计起,算第一代,依此类推。如表兄妹结婚,双方的外祖母属第一代,双方的母亲

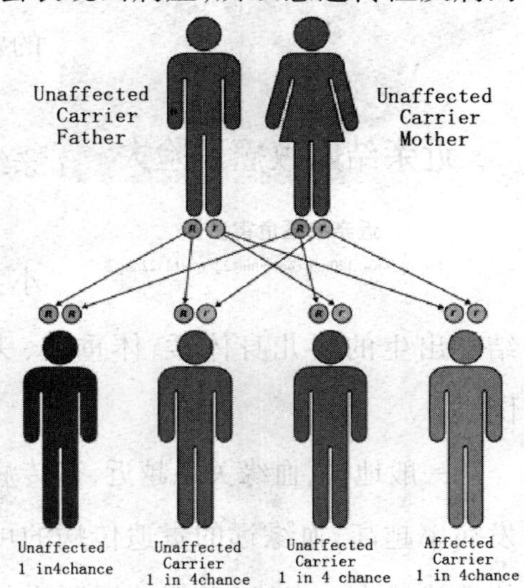

隐性遗传病家族系谱图,父母是遗传病携带者,子女中1/4是患者,1/2是携带者,1/4完全正常。

http://saudistepfordwife.blogspot.com/2007/10/saudis-and-sickle-cell-breaking-under.html

属第二代，表兄妹结合就是第三代。我国婚姻法规定三代以内血亲禁止结婚。

表兄妹结婚属于三代以内旁系近亲结婚

http://www.ownerhome.com.cn/news/newsshow/D5E1F26CCE779097.aspx

近亲结婚有何危害？

据分析，近亲结婚主要有下列害处。

①遗传病发病率高：有36%的遗传病是由亲、表、堂婚姻所致。例如常见的兔唇，一般人的发病率仅为0.17%，而近亲结婚引起的发病率竟高达4%。近亲结婚的后代患有智力低下、先天性畸形和各种遗传病等比非近亲结婚的要多出好几倍。

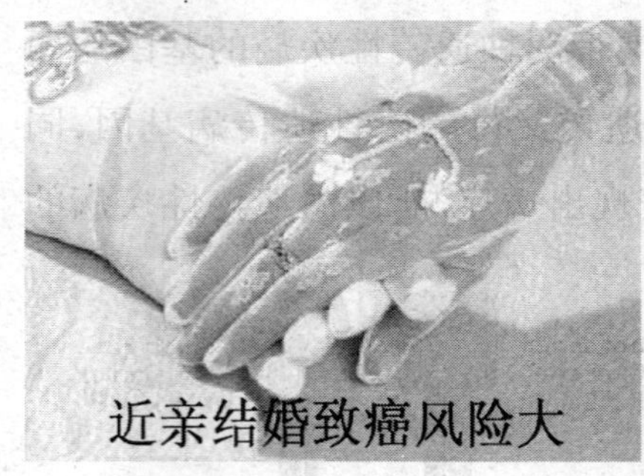

近亲结婚危害多多

http://www.120md.com/html/22/n-14522.ht

②死亡率高：近亲结婚的子女与非近亲结婚的子女相比，死亡率要高出许多。

③出生婴儿的身体矮、体重轻、头围小：与非近亲结婚出生的婴儿相比，近亲结婚出生的婴儿身体矮、体重轻、头围小。

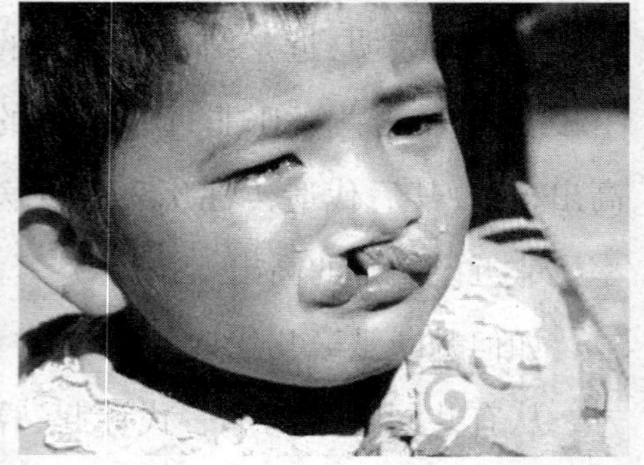

近亲结婚兔唇发病率比非近亲结婚的高20多倍。

http://www.jiangxibaby.com/html/baobao/jibing/87210.html

一般地说，血缘关系越近，遗传病发病率越高，血缘远的贵遗传病的可能性就越小。当然，近新结婚所生的子女不一定都患遗传病，也有可能既健康又聪明。非近亲结婚所生的子女也可能患先天性心脏病、痴呆、白化病，但这种情况是极少数的。

如何解释贫困山区为何遗传病较平原地区多？

封闭落后的山区婚配往往局限在一个很小的范围内，这样同种致病基因结合的概率大大增加，患各种遗传病概率也就高了。

在贫困山区，农民们祖祖辈辈只能在一块狭小的土地上繁衍生息，在封闭的山坳里，一代又一代重复着婚丧嫁娶的人生大事。地域上的通婚圈太小，往往被人们忽视。通婚圈太小的男女，虽然不是三代以内的亲属，但也可能是四代、五代或六代以内的亲属，他们身上仍然携带有一种比例的相同基因。有的尽管没有亲缘关系，但是代代相互通婚，后代体内携带的相同基因也会越来越多，科学上称之为“遗传因子的纯合化”。遗传因子纯合化程度提高，会带来遗传病发病率的上升，甚至还出现不少人口素质普遍低下的傻子村。

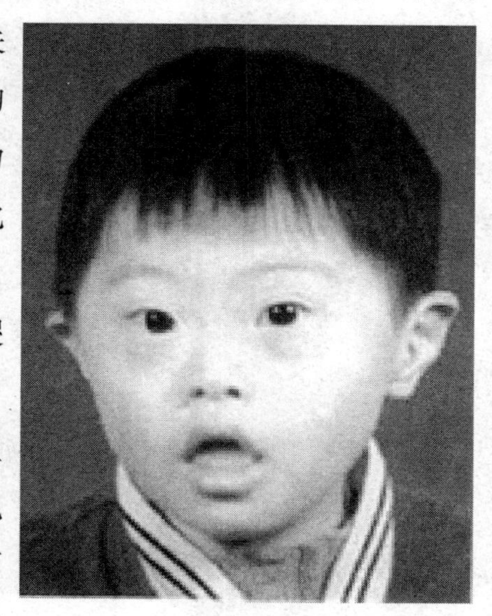

在封闭的地区像这样痴呆儿比率比其它地区高很多。

http://www.sw-sj.com/rwdata/by/rstby2.htm

两个在血缘上没有关系而在地理上又相隔甚远的男女婚配，基因纯合的机会少，所以患隐性遗传病的后代也少，而且孩子的体质、天赋也会明显优于父母。越来越多的事实证明，不同种族，不同地区的人互相婚配，其后代比父母更聪明，更健美。如同生物界存在着杂种优势的现象一样，即“杂交出良种”。

窥视生命密码

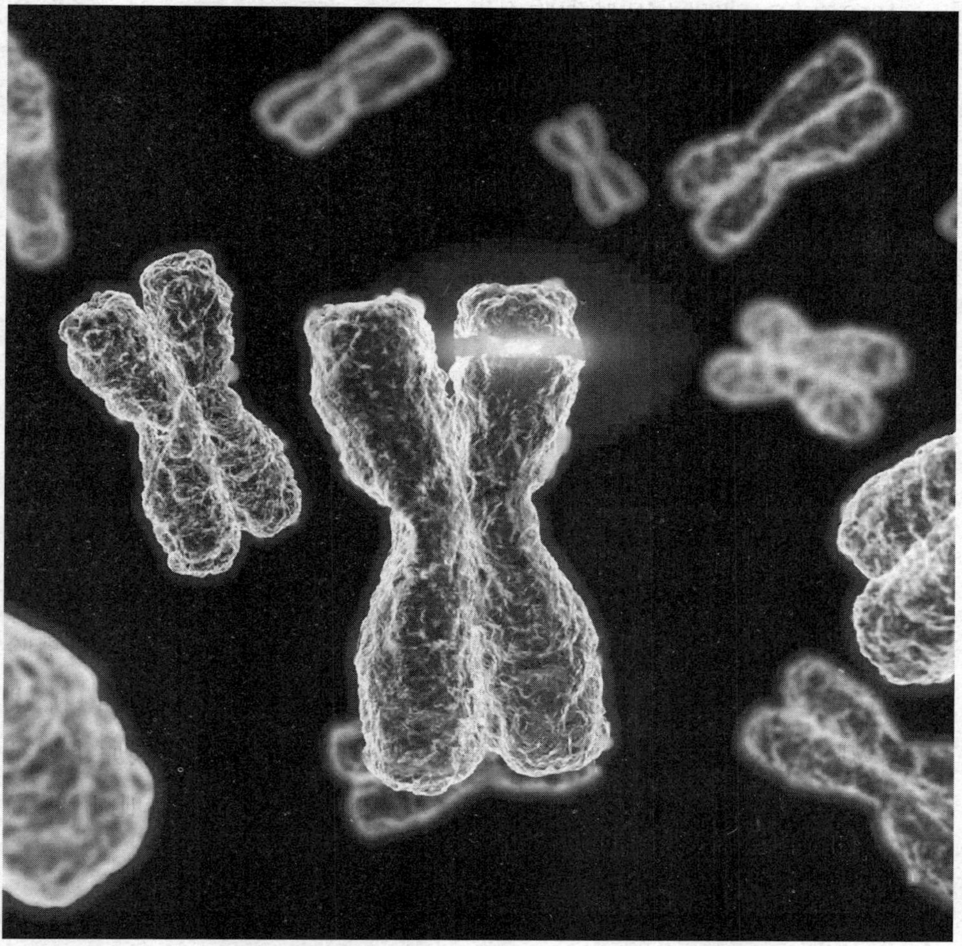

www. cs4fn. org/biology/evolutionsolution. php

遗传天书——DNA

遗传控制者——核酸

核酸发现史

1869年,F·米歇尔从脓细胞中提取到一种富含磷元素的酸性化合物,因存在于细胞核中而将它命名为"核质"。核酸这一名词于米歇尔的发现20年后才被正式启用。早期的研究仅将核酸看成是细胞中的一般化学成分,没有人注意到它在生物体内有什么功能这样的重要问题。

四种脱氧核苷酸组成脱氧核苷酸链

http://www.geneticengineering.org/chemis/Chemis-NucleicAcid

核酸化学成分

核酸是生物体内的高分子化合物。核酸由一个个基本单位——核苷酸头尾相连而形成的。单个核苷酸是由碱基、戊糖和磷酸三部分构成的。

碱基:构成核苷酸的碱基分为嘌呤和嘧啶二类,前者主要指腺嘌呤(A)和鸟嘌呤(G),后者主要指胞嘧啶(C)、胸腺嘧啶(T)和尿嘧啶(U),戊糖:分为脱氧核糖与核糖,两者的差别只在于脱氧核糖中某一碳原子连结的不是羟基(-OH)而是氢(-H),这一差别使DNA在化学上比RNA稳定得多。

核苷:是戊糖与碱基之间以糖苷键相连接而成。

核苷酸:核苷中的戊糖的一个碳原子与磷酸化合形成核苷酸。核苷酸分为核糖核苷酸与脱氧核糖核苷酸两大类。

核酸分类

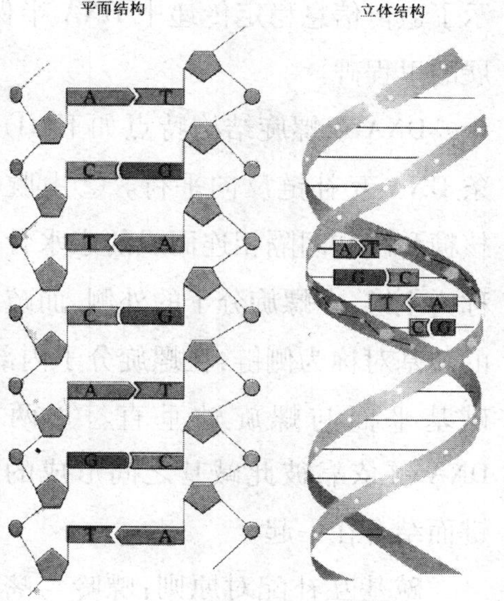

DNA 双螺旋结构

b. baidu. com/history/id = 3511436

天然存在的核酸可分为脱氧核糖核酸(DNA)和核糖核酸(RNA)两大类,DNA 由脱氧核苷酸组成,RNA 由核糖核苷酸组成。

DNA 与 RNA 化学成分区别在于戊糖和碱基,前者的戊糖是脱氧核糖,后者的戊糖是核糖;前者碱基是 A、T、G、C,后者碱基是 A、U、G、C,也就是说 T 只存在于 DNA 中,U 则只存在于 RNA 中,其它两者共有。

DNA 贮存细胞所有的遗传信息,是物种保持进化和世代繁衍的物质基础。RNA 中参与蛋白质合成,有三类:转移 RNA(tRNA)、核糖体 RNA(rRNA)和信使 RNA(mRNA)。

DNA 结构是怎样的?

DNA 的一级结构

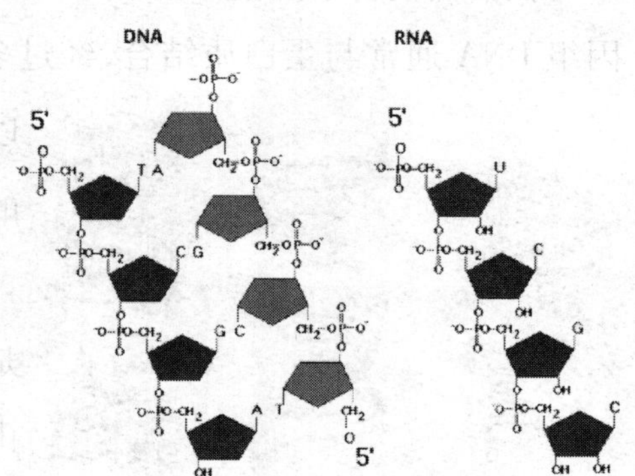

DNA(双链)和 RNA(单链)结构比较

http://www.virtualsciencefair.org/2004/mcgo4s0/public_html/t3/RNA.html

DNA 是由脱氧核苷酸聚合而成的生物大分子。DNA 中的脱氧核苷酸以 3´,5磷酸二酯键构成无分支结构的线性分子。DNA 链具有方向性,一个末端称为5末端,含磷酸基团,另一个末端称为3末端,含羟基。

DNA 二级结构——双螺旋结构

DNA 双螺旋模型的提出不仅揭

示了遗传信息稳定传递中DNA半保留复制的机制，而且是分子生物学发展的里程碑。

DNA双螺旋结构特点如下：①两条DNA互补链反向平行。②由脱氧核糖和磷酸间隔相连而成的亲水骨架称为主链，在螺旋分子的外侧，而疏水的碱基对称为侧链，在螺旋分子内部，碱基平面与螺旋轴垂直。③两条DNA链依靠彼此碱基之间形成的氢键而结合在一起。

Adenine(Ade)　Guanine(Gua)　Thymine(Thy)　Cytosine(Cyt)

四种碱基A、T、G、C。

http://www.ccc.uga.edu/clubs/dnaclub/basics

碱基互补配对原则：嘌呤与嘧啶配对，即A与T相配对，形成2个氢键；G与C相配对，形成3个氢键。

DNA三级结构——超螺旋结构

DNA三级结构是指DNA链进一步扭曲盘旋形成超螺旋结构。

DNA的四级结构——DNA与蛋白质形成复合物

在真核生物中其基因组DNA要比原核生物大得多，因此真核生物基因组DNA通常与蛋白质结合，经过多层次反复折叠，压缩近10000倍后，以染色体形式存在于平均直径为5μm的细胞核中。

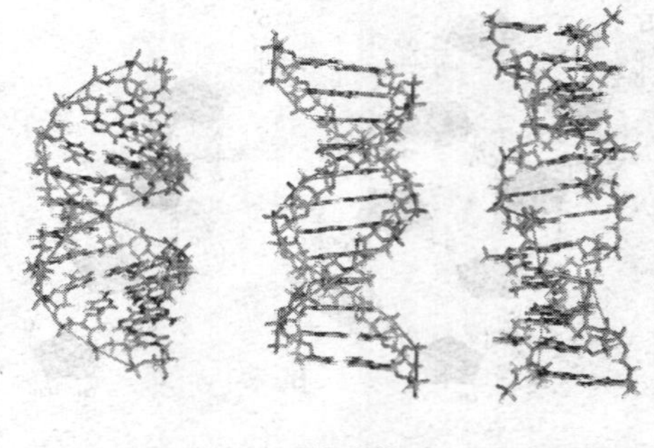

二级结构

http://www.gregorybodkin.com/thoughts/wordpress/?p=22

线性双螺旋DNA折叠的第一层次是形成核小体。犹如一串念珠，核小体由组蛋白核心和盘绕在核心上的DNA构成。DNA组装成核小体其长度约缩短7倍。在此基础上核小体又进一步盘绕折叠，最后形成染色体。

双螺旋结构模型的发现

20世纪50年代，世界上有三个小组正在进行DNA生物大分子的分析研究，他们分属于不同派别，竞争非常激烈。结构学派，主要以伦敦皇家学院的威尔金斯和富兰克林为代表；生物化学学派是以美国加州理工学院鲍林为代表；信息学派，则以剑桥大学的沃森和克里克为代表。

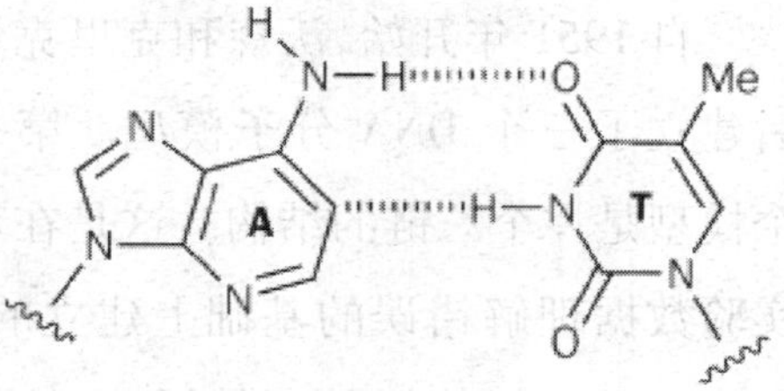

结构学派的威尔金斯是新西兰物理学家，他的贡献在于选择了DNA作为研究生物大分子的理想材料，并在方法上采取"X射线衍射法"。他和他的同事获得了世界上第一张DNA纤维X射线衍射图，证明了DNA分子是单链螺旋的，并在1951年意大利生物大分子学术会议上报告了他们的研究成果。沃森参加了那次会议，并受到很大启发。

(1) AT碱基对

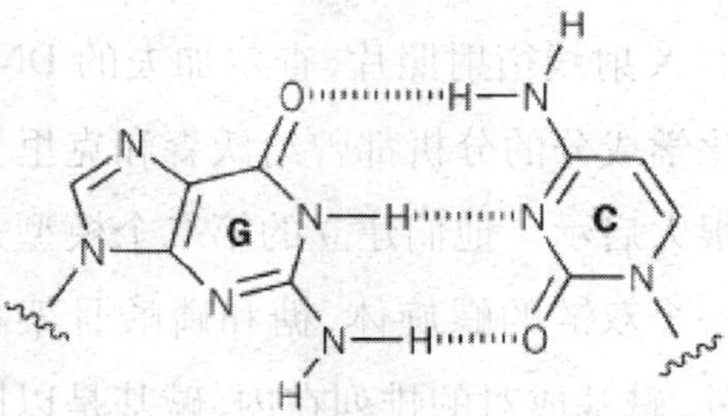

(2) GC碱基对

碱基配对原则

http://www.rsc.org/Education/EiC/issues/2006Mar/Rough.asp

结构学派的另一位代表人物是富兰克林，她是一位具有卓越才能的英国女科学家。她根据DNA的X射线衍射照片，推算DNA分子呈螺旋状，并定量测定了DNA螺旋体的直径和螺距；同时，她已认识到DNA分子不是单链，而是双链同轴排列的。

生物化学学派的代表鲍林是美国著名的化学家。致力于研究DNA、蛋白质等生物大分子在细胞代谢和遗传中如何相互影响及化学结构。

信息学派的沃森和克里克主要研究信息如何在有机体世代间传递及

该信息如何被翻译成特定的生物分子。

自1951年开始,沃森和克里克先后建立了三个DNA分子模型。第一个模型是一个三链的结构。这是在对实验数据理解错误的基础上建立的,最终失败。但他们并不气馁,继续搜集材料,查阅资料,富兰克林的DNA的X射线衍射照片,查尔加夫的DNA化学成分的分析都曾给沃森和克里克很大启示。他们建立的第二个模型是一个双链的螺旋体,糖和磷酸骨架在外,碱基成对的排列在内,碱基是以同配方式即A与A,C与C,G与G,T与T配对。由于配对方式的错误,这个模型同样宣告失败。尽管这次又失败了,但他们从中总结了不少有益的经验教训,为成功地建立第三个模型打下了基础。

1953年2月20日,沃森灵光一现,放弃了碱基同配方案,采用碱基互补配对方案,终于获得了成功。沃森和克里克又经过三周的反复核对和完善,3月18日终于成功地建立了DNA分子双螺旋结构模型,并于4月25日

short region of DNA double helix — 2 nm
"beads-on-a-string" form of chromatin — 11 nm
30-nm chromatin fiber of packed nucleosomes — 30 nm
section of chromosome in extended form — 300 nm
condensed section of chromosome — 700 nm
centromere
entire mitotic chromosome — 1400 nm
NET RESULT: EACH DNA MOLECULE HAS BEEN PACKAGED INTO A MITOTIC CHROMOSOME THAT IS 10,000-FOLD SHORTER THAN ITS EXTENDED LENGTH

DNA螺旋化变成染色体

phy. asu. edu/phy598 - bio/D3%20Notes%2006. htm

沃森和克里克与他们的双螺旋结构模型

http://kexue. lyge. cn/kexue - 2/zutiweb/zu25/048. htm

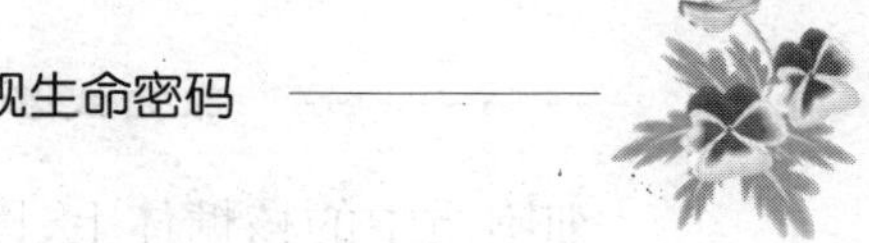

在英国的《自然》杂志上发表。

从沃森和克里克的成功，我们不难发现，现代科学的创举绝非一两个人所能办到的，他们必须采百家之长，充分借鉴别人的成功经验和理论，勤于思考，勇于探索，在掌握先进的科学方法后，有高明正确的科学思想指导才能成功。

女科学家富兰克林

http://www.wellesley.edu/womensreview/archive/2002/11/highlt.html

RNA 结构是怎样的？

与 DNA 相比，RNA 种类繁多，分子量相对较小，一般以单股链存在，但可以有局部二级结构，其碱基组成特点是含有尿嘧啶(U)而不含胸腺嘧啶(T)，碱基配对发生于 C 和 G、U 和 A 之间。

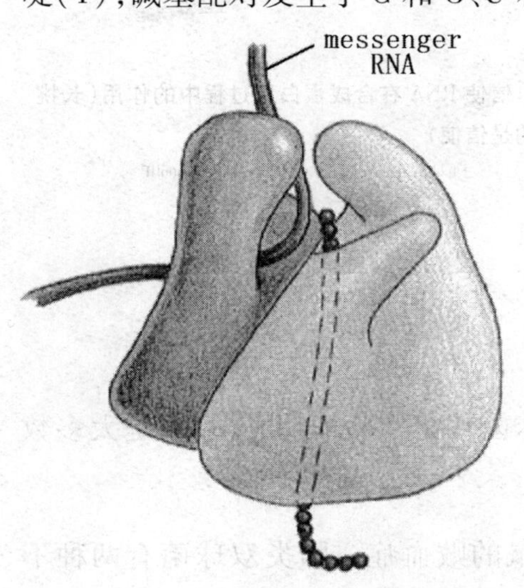

rRNA 与核糖体

202.116.160.98:8000/.../files/kczx/no3/3-2.htm

在生物体内发现主要有三种不同的 RNA 分子，在基因的表达过程中起重要的作用。它们是信使 RNA(mRNA)、转移(tRNA)、核糖体 RNA(rRNA)。

生物的遗传信息主要贮存于 DNA 的碱基序列中，但 DNA 并不直接决定蛋白质的合成。而在真核细胞中，DNA 主要贮存于细胞核中的染色体上，而蛋白质的合成场所存在于

细胞质中的核糖体上，因此需要有一种中介物质，才能把 DNA 上控制蛋白质合成的遗传信息传递给核糖体。现已证明，这种中介物质是一种特殊的 RNA。这种 RNA 起着传递遗传信息的作用，因而称为信使 RNA。

如果说 mRNA 是合成蛋白质的蓝图，则核糖体是合成蛋白质的工厂。但是，合成蛋白质的原材料——20 种氨基酸与 mRNA 的碱基之间缺乏特殊的亲和力。因此，必须用一种特殊的 RNA——转移 RNA(tRNA)把氨基酸搬运到核糖体上，tRNA 能根据 mRNA 的遗传密码依次准确地将它携带的氨基酸连结起来形成多肽链。tRNA 形状像三叶草形。

rRNA 一般与核糖体蛋白质结合在一起，形成核糖体，如果把 rRNA 从核糖体上除掉，核糖体的结构就会发生塌陷。

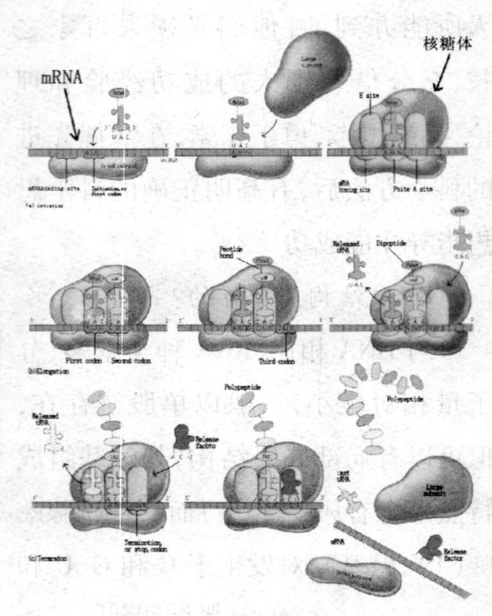

信使 RNA 在合成蛋白质过程中的作用(长挑形的是信使)

biology. unm. edu/. . . /Summaries/T&T. htmlJP

如何确定 DNA 是遗传物质?

美国科学家格里菲斯通过肺炎双球菌转化实验证明了 DNA 是大多数有机体的遗传物质。

肺炎双球菌能引起人的肺炎和小鼠的败血症。肺炎双球菌有两种不同的类型，一种是光滑型(S 型)细菌，菌体外有多糖类的胶状荚膜，使它们可不被宿主正常的防护机构所破坏，具毒性，可使小鼠患败血症死亡，它们

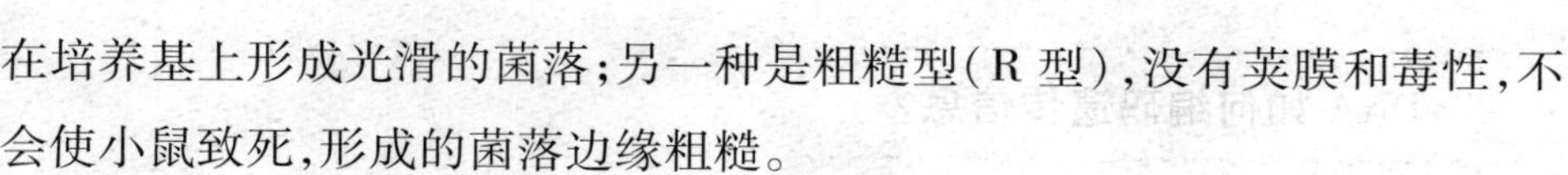

在培养基上形成光滑的菌落；另一种是粗糙型（R型），没有荚膜和毒性，不会使小鼠致死，形成的菌落边缘粗糙。

1928年，格里菲斯将R型活菌和加热杀死的S型细菌分别注入小鼠体内，小鼠健康无病。将加热杀死的S型细菌和活的R型细菌共同注射到小鼠中，不仅很多小鼠因败血症死亡，且从它们体内分离出活的S型细菌。这说明，加热杀死的S型细菌把某些R型细菌转化为S型细菌，S型细菌有一种物质或转化因素进入了R型细菌，使之产生了荚膜，从而具备了毒性。

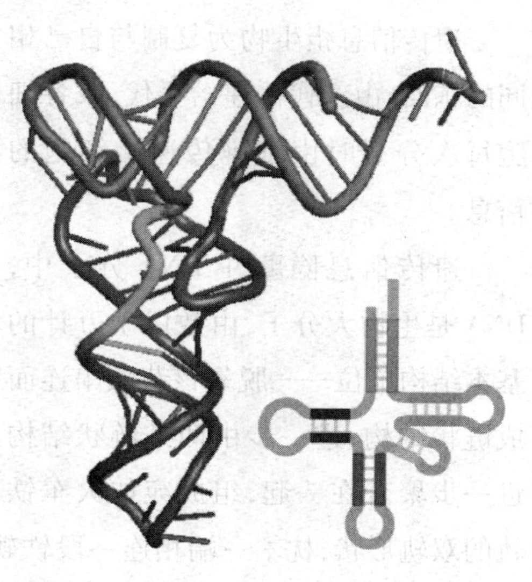
tRNA

http://www.molecularstation.com/science-ne

1944年，艾弗里和他的同事经过10年努力，在离体条件下完成了转化过程，证明了引起R型细菌转化为S型细菌的转化因子是DNA。他们把DNA、蛋白质、荚膜从活的S型细菌中抽提出来，分别把每一成分跟活的R型细菌混合，然后培养在合成培养液中。他们发现，只有DNA能够使R型活菌转变为S型活菌，且DNA纯度越高，转化越有效。如果DNA经过DNA酶处理，就不出现转化现象。实验证明，DNA是遗传物质，像这样一种生物由于获得另一生物的DNA而发生遗传性状改变的现象称为转化。

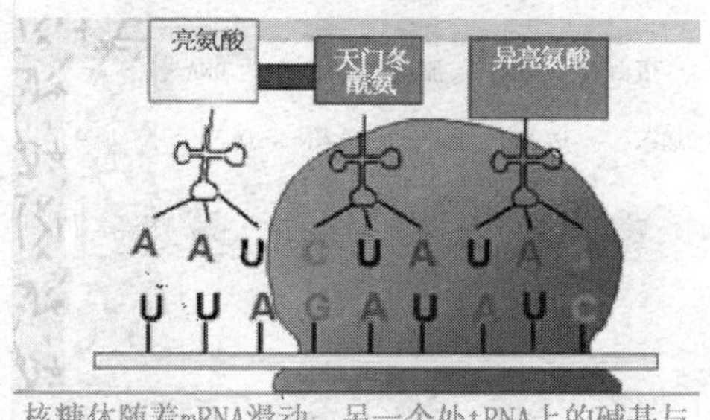

tRNA能携带特定氨基酸，在核糖体上合成多肽链。

www.bxyedu.com/bxynews/article_show.as

DNA 如何编码遗传信息?

遗传信息指生物为复制与自己相同的东西、由亲代传递给子代、或各细胞每次分裂时由细胞传递给细胞的信息。

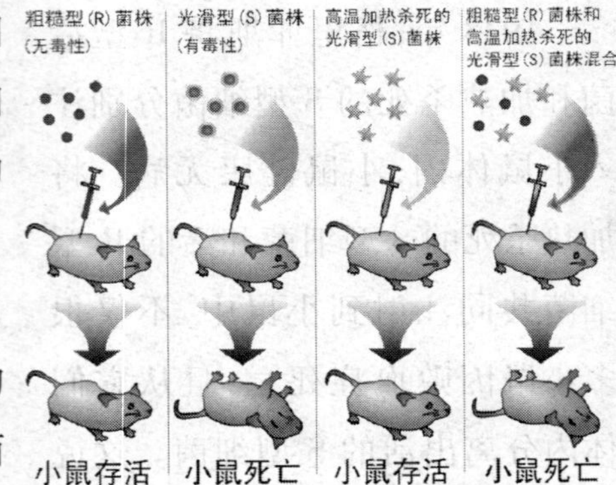

格里菲斯实验示意图(肺炎双球菌体内转化实验)

commons. wikimedia. org/wiki/Image:% E6

遗传信息隐藏在 DNA 分子中,DNA 是生物大分子,由数以千万计的基本结构单位——脱氧核苷酸串连而成链状结构,进一步由两条链状结构进一步聚合在一起,组成宛如火车铁轨的双轨形状,枕木一端相连一段铁轨就相当于 DNA 分子中的 1 个脱氧核苷酸。人体的 DNA 分子中只有 4 种化学成分不同的脱氧核苷酸(A、T、G、C),在分子中重复排列且不规则交替地出现。

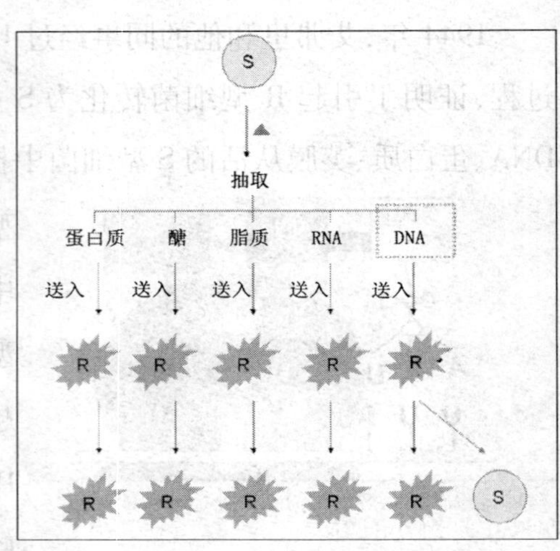

格里菲斯实验示意图(肺炎双球菌体外转化实验)

kimberye. bokee. com/viewdiary. 15748451. html

目前认为 46 条染色体中共含有约 10 亿个脱氧核苷酸,相当于 10 亿块枕木组成的长铁轨。可见每 1 条染色体拥有的 4 种脱氧核苷酸数量极大,因此 4 种脱氧核苷酸从 DNA 分子的一端排向另一端,可存在千变万化的排列顺序。举个例子,给你 10 个 1,10 个 2,10 个 3,10 个 4,让你组成不同大小的数字,你可以组成多少个数字?很多吧?更何况上亿个呢!这种特定的脱氧核苷酸

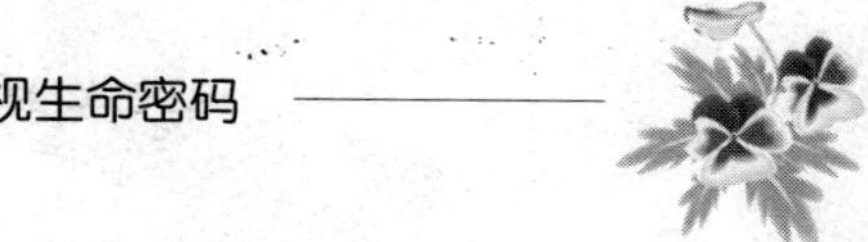

排列顺序蕴藏着无穷大数量的遗传信息。

遗传信息如何传递给子细胞?

DNA 通过半保留复制方式合成与原来一模一样的 DNA,复制好的 DNA 和原来的 DNA 连在同一个着丝点上,组成姐妹染色单体,然后通过细胞有丝分裂将姐妹染色单体分开,平均分配到两个子细胞中去。这样就保证了子代细胞与亲代细胞中的遗传信息的一致性。

DNA 的复制是一个边解旋边复制的过程。复制开始时,DNA 分子首先利用细胞提供的能量,在解旋酶的作用下,把两条螺旋的双链解开,这个过程叫解旋。

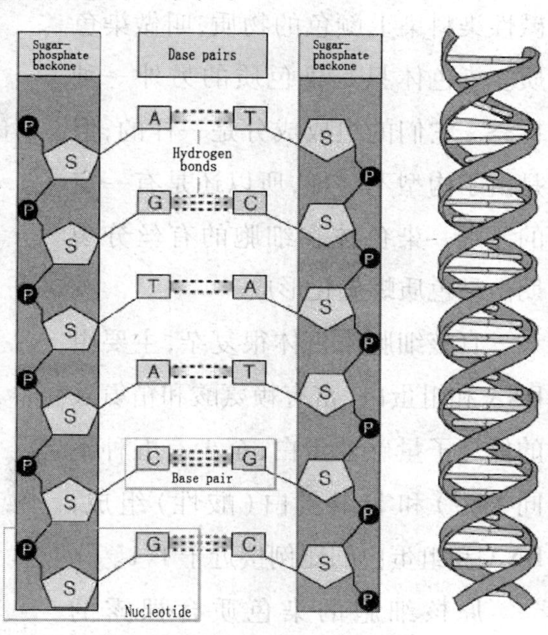

DNA 上的碱基排列顺序就是遗传信息

jpkc. bjmu. cn/. . . /chapter% 20two/RIGHT2. HTM

然后,以解开的每一段母链为模板,以周围环境中的四种脱氧核苷酸为原料,按照碱基配对互补配对原则,在 DNA 聚合酶的作用下,各自合成与母链互补的一段子链。随着解旋过程的进行,新合成的子链也不断地延伸,同时,每条子链与其母链盘绕成双螺旋结构,从而各形成一个新的 DNA 分子。

这是 1953 年沃森和克里克在 DNA 双螺旋结构基础上提出的假说,1958 年得到实验证实。复制结束后,一个 DNA 分子,通过细胞分裂分配到两个子细胞中去!

染色体与DNA

染色体是什么物质?

在生物的细胞核中,有一种易被碱性染料染上颜色的物质,叫做染色质。染色体只是染色质的另外一种形态。它们的组成成分是一样的,但是由于构型不一样,所以还是有一定的差别。染色体在细胞的有丝分裂期由染色质螺旋化形成。

真核细胞染色体很复杂,主要由DNA和组蛋白(富有赖氨酸和精氨酸的低分子量碱性蛋白,至少有五种不同类型)和非组蛋白(酸性)组成,DNA和组蛋白的比例接近于1∶1。

原核细胞的染色质含裸露的DNA,也就是不与其他类分子相连。

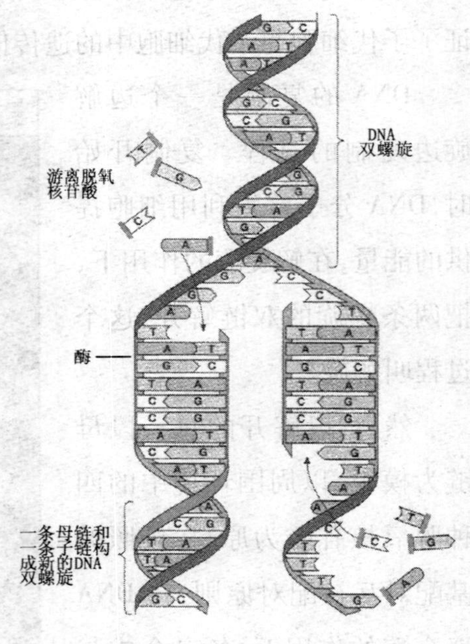

DNA半保留复制示意图

http://sxsyts.mhedu.sh.cn/swxk/Photo/ShowHot.asp? page=6

染色体发现史

1879年,德国生物学家弗莱明经过实验发现染色体。

1883年,美国学者提出了遗传基因在染色体上的学说。

1888年,瓦尔德第一次提出了染色体这一名词。

1902年,美国生物学家萨顿和鲍维里通过观察细胞的减数分裂时又发现染色体是成对的,并推测基因位于染色体上。

1928 年摩尔根证实了染色体是遗传基因的载体,从而获得了生理医学诺贝尔奖。

1956 年庄有兴等人明确了人类每个细胞有 46 条染色体,46 条染色体按其大小、形态配成 23 对,第一对到第二十二对叫做常染色体,为男女共有,第二十三对是一对性染色体。

什么是性染色体?

在真核生物中和性别相关的染色体,如 X、Y 和 Z、W。这些染色体在性别决定中起重要作用。

性染色体为决定个体雌雄性别的染色体,哺乳动物的性染色体是以 X 和 Y 标示,X 染色体较大,携带的遗传信息多于 Y 染色体。

人类的性染色体是总数 23 对染色体的其中一对组成,拥有二个 X 染色体(XX)的个体是女性,拥有 X 和 Y 染色体各一个(XY)的个体是男性。

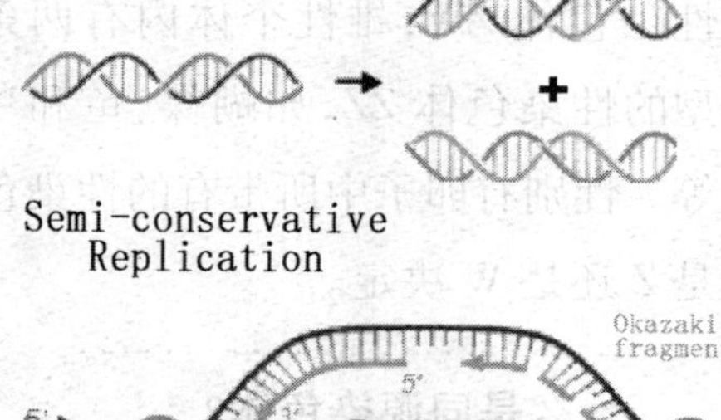

复制后的每一条 DNA 含有一条母链和一条子链。

http://www.geneticengineering.org/chemis/Chemis – NucleicAcid/DNA.htm

某些疾病是与性染色体的数目异常有关,包括特纳氏症候群(X)和克兰费尔特氏症候群(XXY)。

在 XY 型性别决定方式中,雌性个体的一对性染色体是同型的,用 XX 来表示;雄性个体的一对性染色体是异型的,用 XY 来表示。雄性个体的精原细胞在经过减数分裂形成精子时,可以同时产生含有 X 染色体的精子和含有 Y 染色体的精子,并且这两种精子的数目相等;雌性个体的卵原细胞在经过减数分裂形成卵细胞时,只能产生一种含有 X 染色体的卵细胞。受

精时,因为两种精子和卵细胞随机结合,因而形成两种数目相等的受精卵:含XX性染色体的受精卵和含XY性染色体的受精卵。前者将发育为雌性个体,后者将发育为雄性个体。

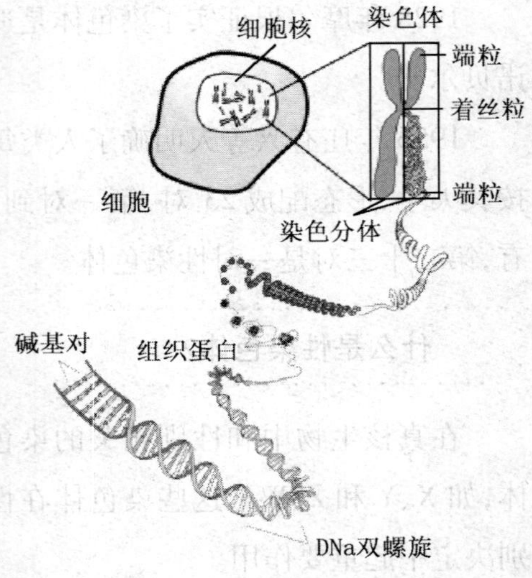

DNA 与染色体的关系示意图

http://zh.wikipedia.org/wiki/%E6%9F%93%E8%89%B2%E4%BD%93

另一种性别决定的方式是ZW型,特点是雌性动物体内有两条异型的性染色体ZW,雄性个体内有两条同型的性染色体ZZ,如蝴蝶、鱼和鸟类等。性别有卵子中所带有的性染色体是Z还是W决定。

什么是同源染色体?

形态、结构、遗传组成基本相同的、在减数第一次分裂前期中彼此联会(配对),并且能够形成四分体,然后分裂到不同的生殖细胞的一对染色体,一个来自母方,另一个来自父方。前面我们提到人体内有46条(23对)染色体,就是说46条染色体中有两两相同的,人体内有2套遗传物质,每套有23条,一套来自父方,一套来自母方。这样的一套染色体在遗传学上称为一个染色体组,一个染色体组包含了该个体所有的遗传信息。

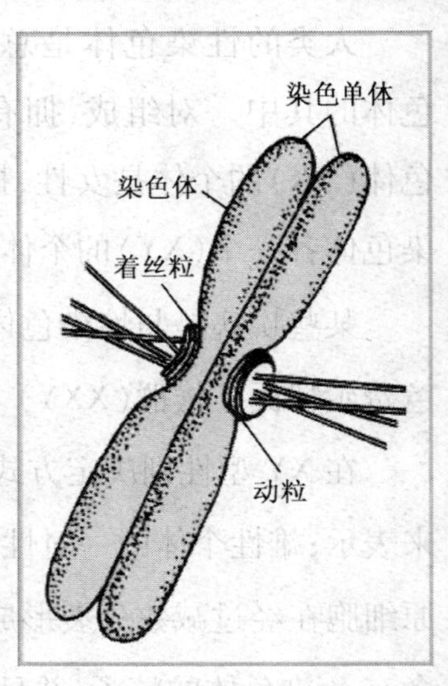

染色体结构图

xyzw.plantlib.net/plant/plant/01/0104.htm

一个染色体组里所有的染色体形态、结构和遗传信息各不相同,也就是说一个染色体组里是没有同源染色体的。而同源染色体一般形态和结构相同，遗传信息也基本相同，但也有例外的，如 X 染色体和 Y 染色体。他们的形态差异很大，然而它们却是一对同源染色体，不过他们携带的遗传信息却千差万别。

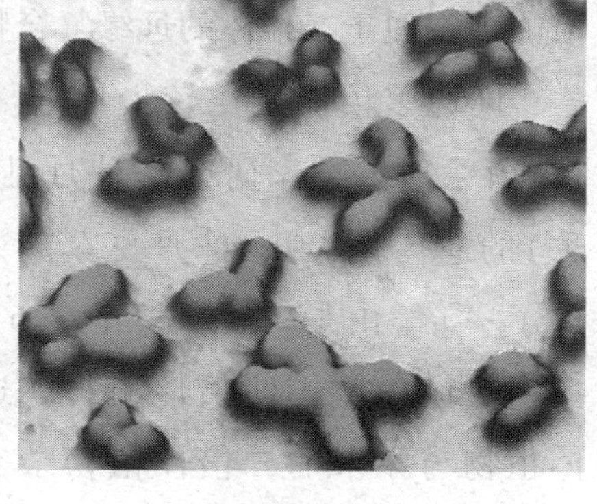

人类染色体电镜扫描图

http://www.bioethics.org.nz/about - bioethics/glossary/index.html

什么是二倍体和多倍体？

动物体内一般含有两个染色体组，而植物有很多含有多个染色体组。含有两个染色体组的生物称为二倍体，含三个及三个以上染色体组的生物就叫多倍体。

动物很少有多倍体，而植物多倍体却相当普遍。很多植物种都是通过多倍体途径而产生的，约 33% 的物种是多倍体。被子植物中约有 40% 以上是多倍体。小麦、燕麦、棉花、烟草、甘蔗、香蕉、苹果、梨、水仙等都是多倍性的。香蕉、某些马铃薯品种是三倍体的，一般马铃薯是四倍体。

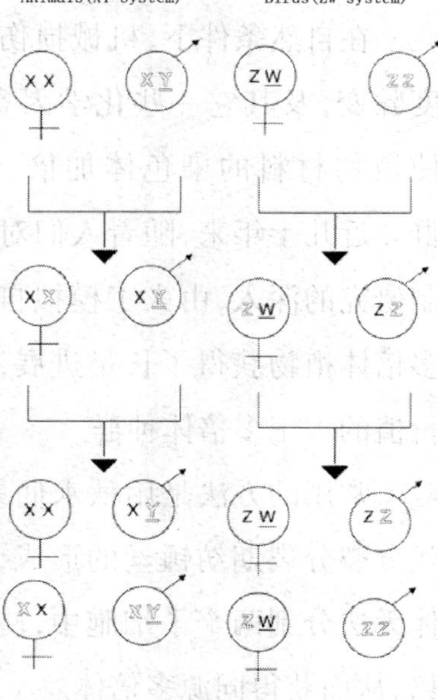

XY 和 ZW 决定型比较

http://www.nature.com/hdy/journal/v96/n4/fig _ tab/6800795f1.html

多倍体如何形成的？

多倍体的形成有两种方式，一种是本身由于某种未知的原因而使染色体复制之后，细胞不随之分裂，结果细胞中染色体成倍增加，从而形成同源多倍体；另一种是由不同物种杂交产生的多倍体，称为异源多倍体。

如 AAA——同源三倍体，AAAA——同源四倍体，AABB——异源四倍体（又叫双二

倍体)，类似于二倍体的远缘复合物。

同源多倍体是比较少见的。20世纪初，荷兰遗传学家研究一种月见草(夜来香)的遗传，发现一株月见草的染色体增加了一倍，由原来的24个(2n)变成了48个(4n)，成了四倍体植物。这个四倍体植物与原来的二倍体植物杂交所产生的三倍体植物是不育的(减数分裂时染色体不配对)。因此这个四倍体植物便是一个新种。

同源染色体(形状大小相同的两个)

b. baidu. com/history/id = 3304133

诱导多倍体产生

在自然条件下，机械损伤，射线辐射，温度骤变，及其它一些化学因素刺激，都可以使植物材料的染色体加倍，形成多倍体种群。近几十年来，随着人们对多倍体诱导机制研究的深入，由人工模拟自然条件来诱导多倍体植物获得了长足进展，形成了不少由价值的人工多倍体种群。

常用的方法是用秋水仙素处理，阻止有丝分裂分裂期纺锤丝的形成，复制好的染色体无法分到两个子细胞中，使细胞染色体加倍，从而获得同源多倍体。

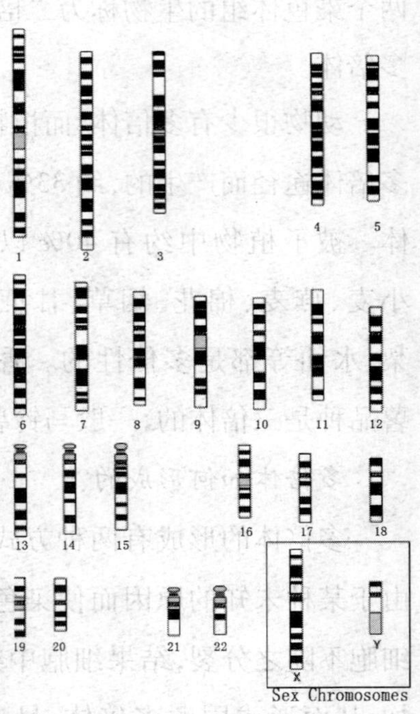

图示为人类的一个染色体组，包括22条常染色体和一对性染色体X和Y。

http://www.accessexcellence.org/RC/VL/GG/sex_chromosomes.php

无籽西瓜的培育

通过实验，可以人为地培育出同源多倍

体植株，如无籽西瓜的栽培。

西瓜是二倍体，具有11对(22条)染色体(2n=22)。在西瓜幼苗时期，用秋水仙素处理幼苗的生长尖，破坏分裂细胞的纺锤体，使细胞内染色体增加了一倍，因而得到具有四倍染色体(4n)的西瓜植株。四倍体西瓜可以结实，产生种子，可以培育成四倍体西瓜品系。四倍体西瓜如果接受二倍体西瓜的花粉，产生的后代是三倍体。由于这种三倍体在减数分裂时染色体不能正常联会配对，不能产生正常的配子，不能正常结子，所以三倍体西瓜果实内没有正常的种子。市场上出售的无籽西瓜就是这种三倍体西瓜。

香蕉是三倍体，不育，利用营养繁殖。

www.pinellascounty.org/fbg/collections.htm

多倍体植物有什么优缺点?

多倍体植物优点：细胞核内染色体组加倍以后，常带来一些形态和生理上的变化，如巨大性，抗逆性增强等。一般多倍体细胞的体积，气孔保卫细胞都比二倍体大，叶子、果实、花和种子的大小也随加倍而递增。从内部代谢来看，由于基因剂量加大，一些生理生化过程也随之加强，某些代谢物的产量比二倍体增多。例如：

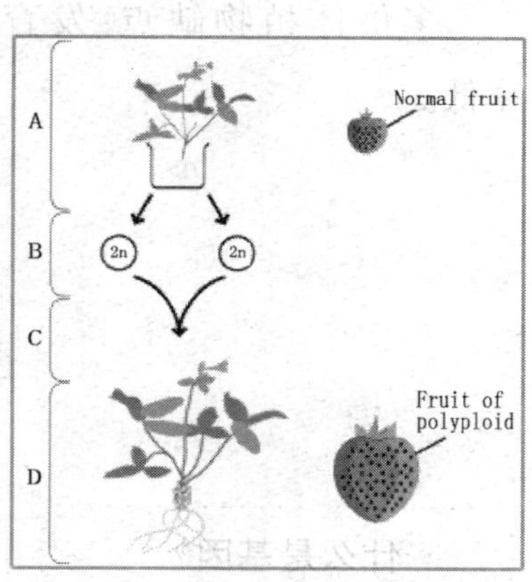

四倍体草莓形成示意图，用秋水仙素处理幼苗，使染色体组加倍。

http://www.bbc.co.uk/scotland/education/bite

①四倍体水稻的千粒重量是二倍体水稻的两倍，蛋白质含量提高5%～15%，但每

穗粒数稍有降低，单位面积增产达50%以上。

②四倍体葡萄的果实比二倍体品种的大得多。

③四倍体番茄的维生素C的含量比二倍体的品种几乎增加了一倍。

④四倍体萝卜的主根粗大，产量比最好的二倍体品种还要高。

⑤三倍体甜菜比较耐寒，含糖量和产量都较高，成熟也比较早。

⑥三倍体的杜鹃花因为不育，所以开花时间特别长。

⑦三倍体的西瓜因为很少产生有功能的生殖细胞，所以没有种子，食用方便，且含糖量高。

多倍体植物缺点：发育延迟，结实率低。

紫外线诱导多倍体方法

http://intamod.com.au/index.php? main_page

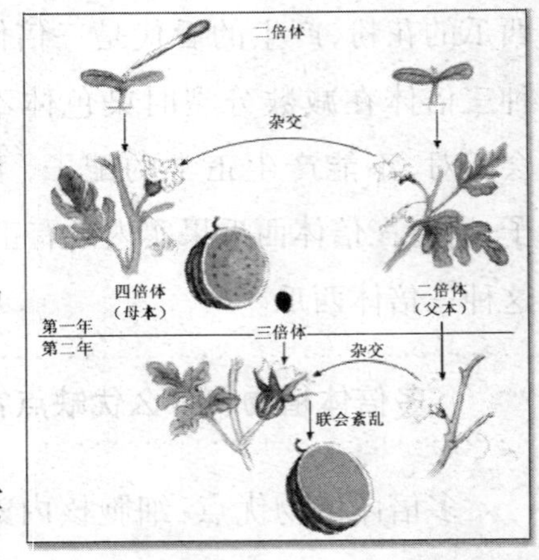

三倍体无籽西瓜培育过程（利用秋水仙素）

ebio.wjszzx.cn/html/2006－08/3446p62.htm

基因与染色体

什么是基因？

基因（gene）是指携带有遗传信息的DNA或RNA序列，也称为遗传因子，是控制性状的基本遗传单位。基因通过指导蛋白质的合成来表达自己所携带的遗传信息，从而控制生物个体的性状表现。

基因有两个特点，一是能忠实地复制自己，以保持生物的基本特征；二是基因能够"突变"，突变绝大多数会导致疾病，另外的一小部分是非致病突变。非致病突变给自然选择带来了原始材料，使生物可以在自然选择中被选择出最适合自然的个体。

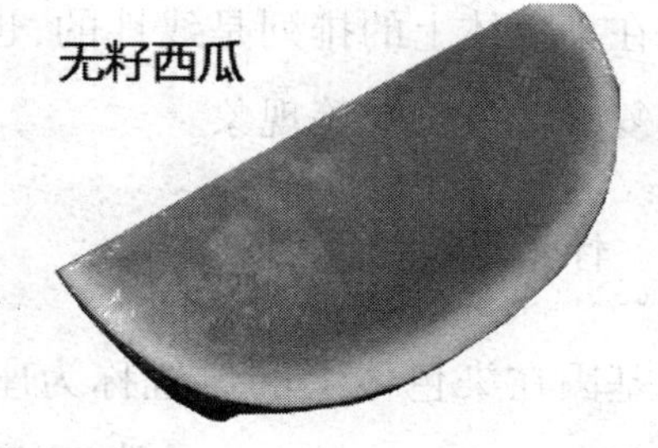

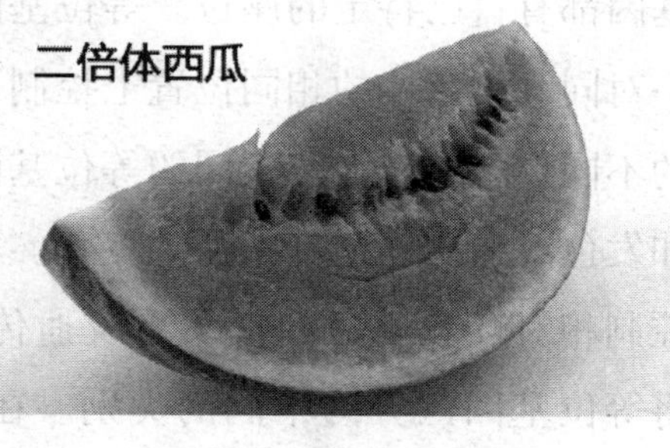

无籽西瓜与二倍体西瓜比较

http://velvetfont.wordpress.com/2008/04/30/watermelon - fruit - or - vegatable/

基因和染色体是什么关系？

基因是具有遗传效应的 DNA 片断，也就是说能够控制蛋白质合成的遗传信息。基因既然是 DNA 的片断，而 DNA 和蛋白质组成染色体，那基因也就在染色体上了。那么基因和染色体有什么样的对应关系呢？我们先来看看人类到底有多少基因。

最初，人们推测人类所拥有的基因大约有十万个这么多。当第一代的人类基因组测序结果公布后，研究人员发现人类基因组大约只含有 3 万到 4 万个蛋白质编码基因，现在进一步研究发现人类基因大约有 2 万多，虽然数量缩水了，但远远比染色体多，因为人类只有 46 条染色体，精确的讲是 24 条不同的染色体，2 万多个基因与 24 条染色体，只有一种可能性，就是一条染色体上有成百上千个基因。经过科学家们研究，发现

二倍体洋葱与多倍体洋葱根的比较

jpkc. sysu. edu. cn/. . . /jdsy/main06. htm

基因在染色体上的排列是线性的，也就是说基因是一个接着一个，之间没有重复、倒退、分枝等现象。

什么是等位基因？

基因在染色体上的位置称为座位，每个基因都有自己特定的座位。等位基因是位于一对同源染色体的相同位置上控制某一性状的不同形态的基因。不同的等位基因产生例如发色或血型等遗传特征的变化。等位基因控制相对性状的显隐性关系及遗传效应，可将等位基因区分为不同的类别。在个体中，等位基因的某个形式（显性的）可以比其他形式（隐性的）表达得多。

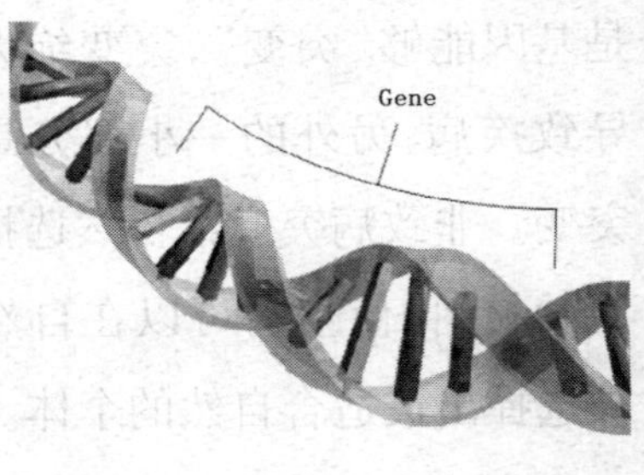

基因与 DNA 关系

adam. about. com/reports/Prostate – cancer. htm

等位基因是同一基因的另外“版本”。例如，控制卷舌运动的基因不止一个“版本”，这就解释了为什么一些人能够卷舌，而一些人却不能。有缺陷的基因版本与某些疾病有关，如囊性纤维化。

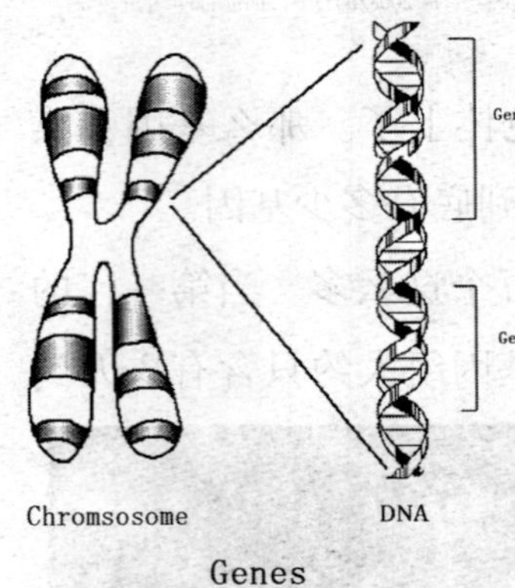

基因与染色体关系

www. accessexcellence. org/AB/GG/genes. html

值得注意的是，每个染色体都有一对“复制本”，一个来自父亲，一个来自母亲。这样，我们的大约 3 万个基因中的每一个都有两个“复制本”。这两个复制本可能相同（相同等位基因），也可能不同。

在自然群体中往往有一种占多数的（因此常被视为正常的）等位基因，称为野生型基因；同一座位上的其他等位基因一般都直接或间接地由野生型基因通过突变产生，相对于野生型基因，称它们为突变型基因。在二倍体的细胞或个体内有两个同源染色体，所以每一个座位上有两个等位基因。如果这两个等位基因是相同的，那么就这个基因座位来讲，这种细胞或个体称为纯合体；如果这两个等位基因是不同的，就称为杂合体。

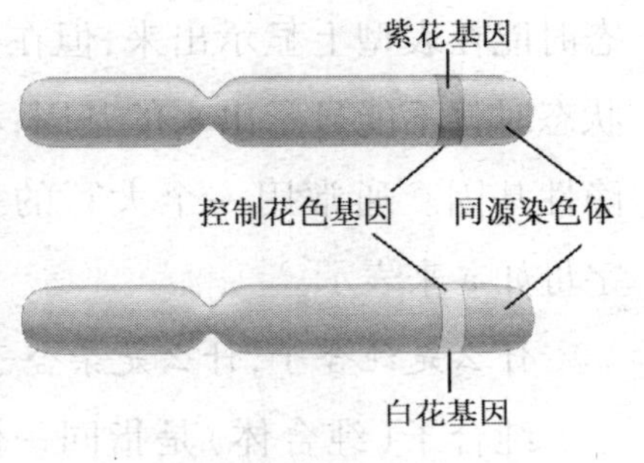

控制花色的等位基因

www. csulb. edu/ ~ kmacd/361 - 6 - Ch2. htm

什么是复等位基因？

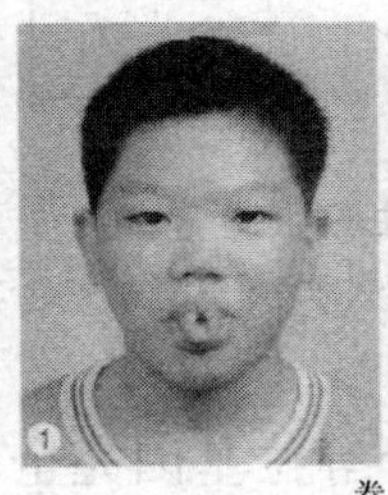
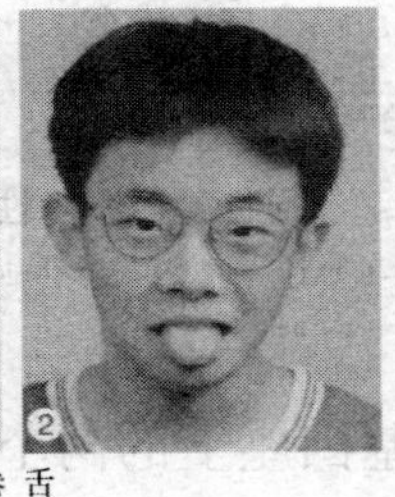

卷舌

1. 舌的两侧可上卷成圆筒状　2. 不会卷舌

卷舌与非卷舌是由一对等位基因控制的

http://www. i3721. com/cz/tbctk/bnj/xjcswxc/

复等位基因是指在一个基因位点上，不只有两个基因(如A和a)，而是有两个以上，甚至有几十个基因。如人的ABO血型就是由一组复等位基因决定的，这一组复等位基因是IA、IB、i三个基因。但是，对每个人来说，只可能具有其中的两个基因。

什么是显性基因，什么是隐性基因？

在二倍体生物中，杂合状态下能在表型中得到表现的基因，称为显性基因，通常用一个大写的英文字母如A来表示。显性基因常能形成一种有功能的物质(如酶)，而它的隐性等位基因则由于相应的核苷酸发生了突变而不能产生这种物质，所以在杂合体中只有显性基因能表现出正常的功能(显性)。

等位基因中的一个是由另一个突变而来的，如卷刚毛基因是由直刚毛基因突变而来。

http://jpkc. sysu. edu. cn/xbyycxsy/web - yichuanxueshiyan/jdsy/jdsy04. htm

在二倍体的生物中，在纯合状

态时能在表型上显示出来，但在杂合状态时就不能显示出来的基因，称为隐性基因。通常用一个大写的英文字母如 a 来表示。

什么是纯合子，什么是杂合子？

纯合子（纯合体）是指同一位点上的两个等位基因相同的基因型个体。纯合子分为两类：显性纯合子和隐形纯合子。其中显性纯合子是指同源染色体上同一基因座上的两个等位基因完全相同显性基因的个体，如 AA。隐形纯合子是指同源染色体上同一基因座上的两个等位基因完全相同隐性基因的个体，如 aa。

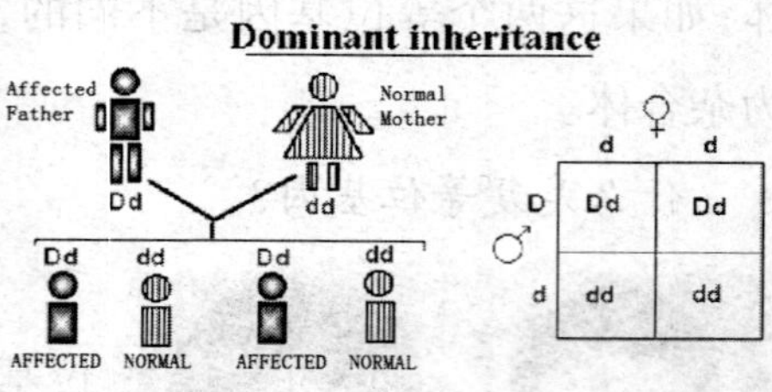

显性基因和隐性基因

http://library.thinkquest.org/C0123260/basic%20knowledge/dominant%20and%20recessive.htm

基因与性状

性状是指生物体所有特征的总和。任何生物都有许许多多性状。有的是形态结构特征，有的是生理特征（如人的 ABO 血型），有的是行为方式，等等。

什么是相对性状？

相对性状是指不同个体在单位性状上常有着各种不同的表现，例如，豌豆花色有红色和白色，种子形状有圆和皱。遗传学中把同一单位性状的相对差异，称为相对性状。孟德尔在研究单位性状的遗传时，就是用具有明显差异的相对性状来进行杂交试验的，只有这样，后代才能进行对比分析研究,从而找出差异,并发现遗传规律。

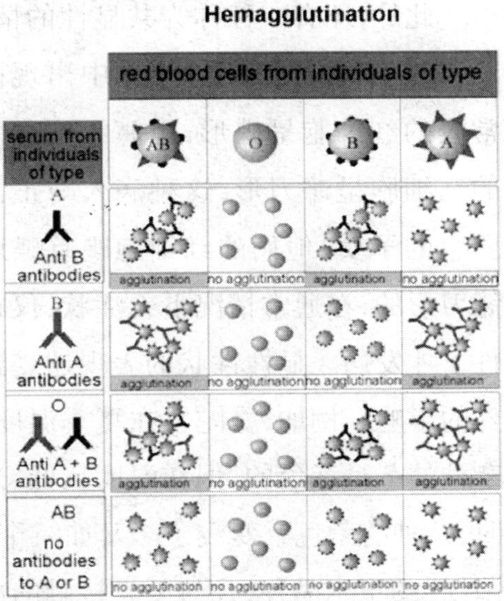

什么是显性性状,什么是隐性性状?

具有相对性状的两个亲本杂交,在子一代表现出来的那个亲本的性状。例如以开红花的豌豆纯合亲本与开白花的豌豆纯合亲本进行杂交,子一代植株全是开红花的。这子一代所表现出来的性状即为显性性状。现代遗传学的研究表明,显性性状是广泛存在的。例如,果蝇的长翅、红眼、灰身,玉米胚乳的淀粉质,番茄的红色果实,南瓜的扁形果实,家鸡的豆形冠,人的褐色眼等等都是显性性状。

ABO 血型基因

http://www. sep. alquds. edu/biology/scripts/Biology_english/part_3_6. htm

但显性性状的表现又不是绝对的,有各种不同的情况。孟德尔在豌豆杂交试验中所研究的 7 对性状,无论那一对性状,在 F1 中所表现的都和亲本之一完全相同,这样的显性表现,称为完全显性。而在紫茉莉,开红花的纯合亲本与开白花的纯合亲本杂交,F1 的花色却为粉红色,F2 有 1/4 植株开红花,2/4 的植株开粉红花,1/4 的植株开白花。此类显性表现,称为不完全显性。

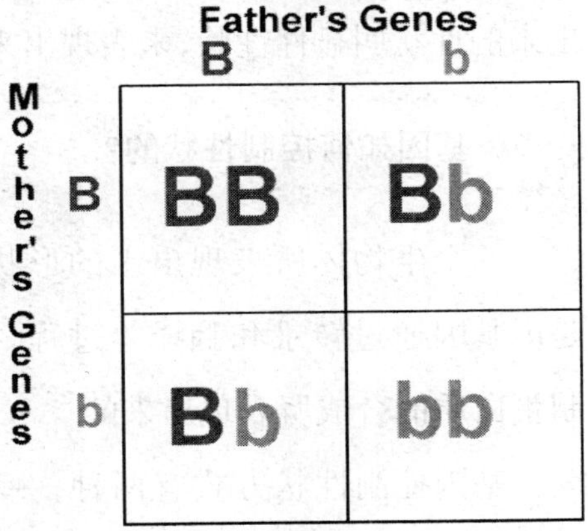

BB 和 bb 是纯合子,Bb 是杂合子。

feistyhome. phpwebhosting. com/genes. htm

此外,还有一种称为共显性的情况,就是双亲的性状同时在 F1 个体中出现;例如,正常人的红细胞呈碟形,患镰细胞贫血症病人的红细胞呈镰刀形,这种病人与正常人结婚所生的子女,他们的红细胞既有碟形的也有镰刀形的,在通常情况下无症状,仅在缺氧条件下才发病。显性性状的表现还受到外界条件的影响。例如,曼陀罗在夏季温度较高时,杂种的茎是紫色的,但在温度较低、光照较弱时,杂种的紫色就变浅了。又如一个名叫"太阳红"的玉米品种,凡与阳光接触的部分都表现出红色,而遮光的部分却不表现出红色,这表明有的显性表现需要一定的外界条件。

隐性	显性
子粒皱缩	子粒饱满
绿色	黄色
白色	褐色
皱褶	平滑
黄色	绿色
花顶生	花腋生

豌豆的相对性状

http://swsck.fjsdfz.org/Photo_Show.asp? Phot

以上种种情况都说明,显性性状的表现不是绝对的,这就是所谓显性的相对性。具有相对性状的两个亲本杂交,子一代中表现出来的性状叫显性性状,未表现出来的性状叫隐性性状。

基因如何控制性状的?

一个生物体所表现出来的形状,是由基因通过转录和翻译等过程,控制蛋白质的合成所表现出来的。

果蝇的长翅是显性性状,短翅和残翅是隐形性状。

jpkc.sysu.edu.cn/.../jdsy/main04.htm

基因控制性状方式有两种,一种是控制合成结构蛋白直接控制性状,如镰刀型细胞贫血症,是控制合成血

红蛋白的基因发生变异，合成的蛋白质发生改变，使的红细胞不再是圆饼状，而是镰刀型，这样的细胞通过毛细血管时很容易破裂，从而表现出相应的病症。

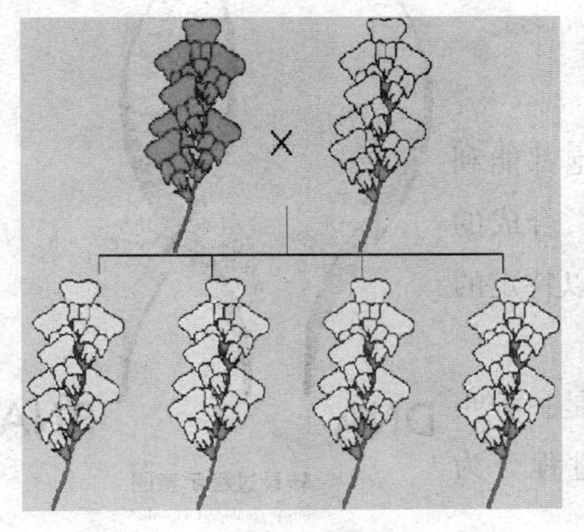

不完全显性现象

共显性现象

另一种是通过合成新陈代谢的酶来影响性状，如白化病。白化病患者是因为控制合成酪氨酸酶的基因发生改变，无法合成酪氨酸酶，或酪氨酸酶功能减退，从而影响黑色素的合成而表现出白化现象。

水毛茛水下部分呈丝状复叶，水上部分掌状复叶，说明表现型还受环境影响。

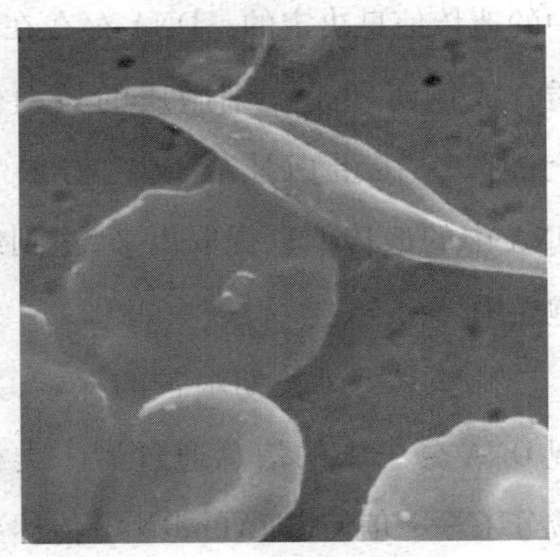

镰刀型红细胞

性状的表现不仅仅是基因的结果，还和外界环境的共同作用，以基因为主，外界环境为辅。

基因如何控制蛋白质合成？

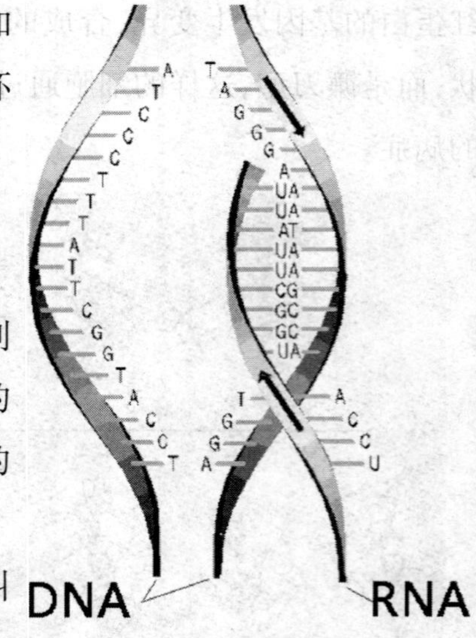

转录过程示意图

http://biology.unm.edu/ccouncil/Biology_124/Summaries/T&T.html

人体的各种组织、脏器的细胞都能利用氨基酸合成各种特定的蛋白质，合成的方法不过是将特定数量的氨基酸以特定的顺序和方式连接起来。

蛋白质在人体内合成的场所是一种叫核糖体的细胞器。蛋白质合成过程分为两步：

转录和翻译。

蛋白质合成就是将各种氨基酸按一定的顺序排列起来，这个顺序不是随意的，每一种蛋白质的氨基酸都有特定的排列顺序，这个顺序是由 DNA 中的遗传信息决定的。DNA 存在在细胞核内，不能到细胞质里来，而蛋白质合成场所却是在细胞质的核糖体上，所以，在蛋白质合成之初要将 DNA 中的遗传信息提取出来，送到细胞质中。

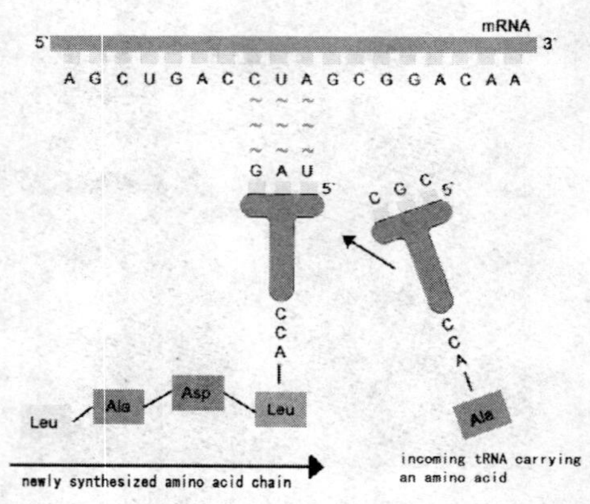

翻译过程示意图

http://library.thinkquest.org/C004535/rna_translation.html

科学家通过长期艰苦的探索，发现 DNA 分子中的信息通过另一类核酸分子——信使 RNA(mRNA)传达至蛋白质。DNA 分子中一条链的脱氧核苷酸排列顺序可以严格地指导 mR-

NA 分子中的特定核苷酸排列顺序产生。这样 DNA 分子中的遗传信息就准确无误地传递至 mRNA 分子中,这一过程被称为转录。

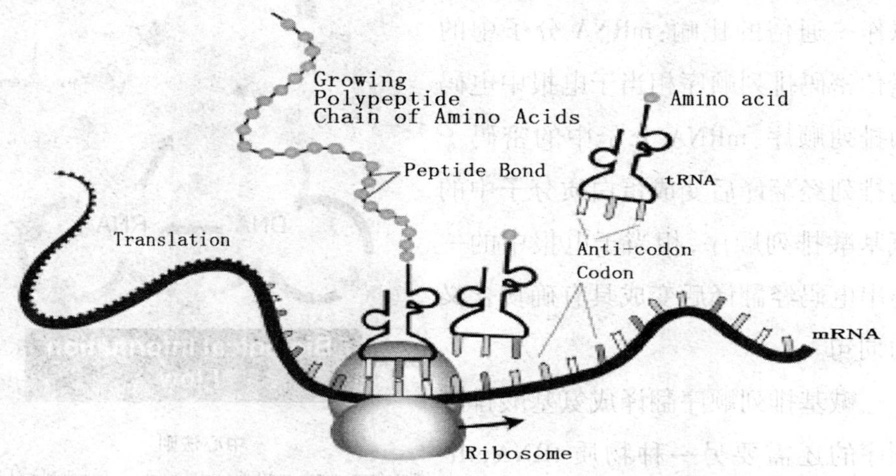

信使 RNA 上每三个碱基就组成一个密码子,与转运 RNA 上的反密码子正好碱基互补配对,从而确定氨基酸的安放位置。

mRNA 上的碱基的排列顺序与 DNA 上的碱基的排列顺序是互补的,mRNA 分子中 3 个相邻核苷酸的排列顺序被称为密码子,每个密码子是1 种氨基酸的代码,20 种氨基酸有各自的密码子,因此 mRNA 分子中的遗传信息即密码子的排列顺序可严格地指导蛋白质分子中 20 种氨基酸的排列顺序。也就是说 mRNA 上携带的遗传密码使氨基酸依次排列,连接为蛋白质。

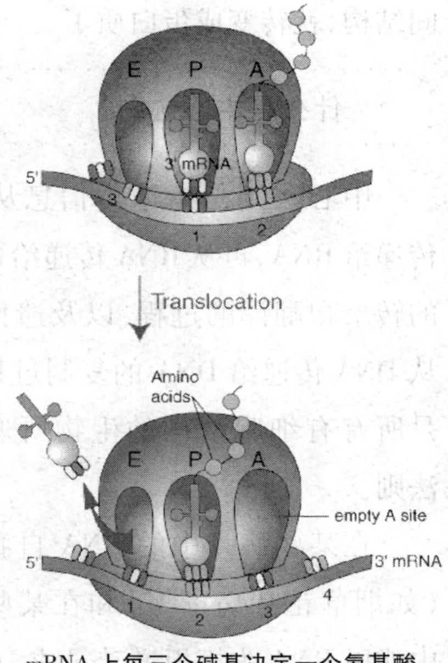

mRNA 上每三个碱基决定一个氨基酸

当 mRNA 携带了 DNA 的遗传信息后从细胞核内出来进入到细胞质内,与核糖体结合,在核糖体上按照每三个碱基对应

一个氨基酸的方式,将碱基的排列顺序转变为氨基酸的排列顺序。这一过程被称为翻译。它们之间内在联系可以作一通俗的比喻:mRNA 分子中的遗传密码排列顺序相当于电报中电码的排列顺序,mRNA 分子中的密码子的排列经翻译后变成蛋白质分子中的氨基酸排列顺序,相当于电报中的一连串电码经翻译后变成具有确切含义的词句。

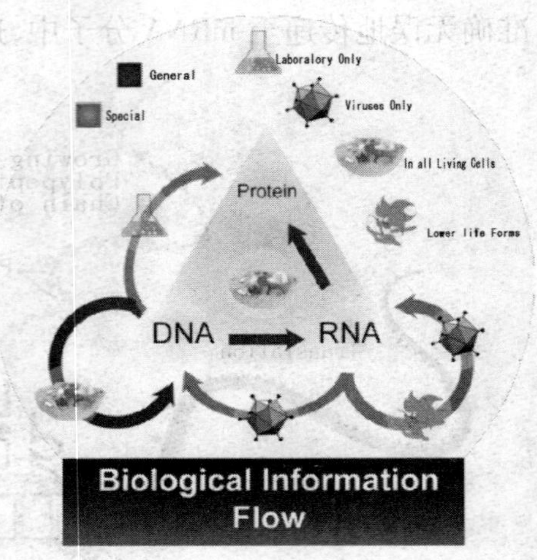

中心法则

http://www.answers.com/topic/central－dogma－of－molecular－biology

碱基排列顺序翻译成氨基酸排列顺序的还需要另一种物质 tRNA,tRNA 就相当于将电码翻译成词句的人员。当 mRNA 携带的遗传信息全部转变成氨基酸的排列顺序后,即形成了多肽链,然后多肽链折叠成特定的空间结构,就转变成蛋白质了。

什么是中心法则?

中心法则是指遗传信息从 DNA 传递给 RNA,再从 RNA 传递给蛋白质的转录和翻译的过程,以及遗传信息从 DNA 传递给 DNA 的复制过程。这是所有有细胞结构的生物所遵循的法则。

5′ mRNA 3′
$AAAA_n$
Anneal primer
mRNA
$AAAA_n$
$dTTTT_{15}$
Reverse transcriptase
mRNA
$AAAA_n$
$dTTTT_{15}$
cDNA
Alkali
$dTTTT_{15}$
cDNA

逆转录示意图

8e. devbio. com/printer. php? ch = 1&id = 32

在某些病毒中的 RNA 自我复制(如烟草花叶病毒等)和在某些病毒中能以 RNA 为模板逆转录成 DNA 的

过程(某些致癌病毒)是对中心法则的补充。RNA 的自我复制和逆转录过程,在病毒单独存在时是不能进行的,只有寄生到寄主细胞中后才发生。逆转录酶在基因工程中是一种很重要的酶,它能以已知的 mRNA 为模板合成目的基因。在基因工程中是获得目的基因的重要手段。

遗传信息并不一定是从 DNA 单向地流向 RNA,RNA 携带的遗传信息同样也可以流向 DNA。但是 DNA 和 RNA 中包含的遗传信息只是单向地流向蛋白质,迄今为止还没有发现蛋白质的信息逆向地流向核酸。

这种遗传信息的流向,就是克里克概括的中心法则的遗传学意义。

细胞分裂与遗传信息传递

一个细胞分裂为两个细胞的过程。分裂前的细胞称母细胞,分裂后形成的新细胞称子细胞。细胞分裂通常包括核分裂和胞质分裂两步。在核分裂过程中母细胞把遗传物质传给子细胞。在单细胞生物中细胞分裂就是个体的繁殖,在多细胞生物中细胞分裂是个体生长、发育和繁殖的基础。

1855 年德国学者魏尔肖提出“一切细胞来自细胞”的著名论断,即认为个体的所有细胞都是由原有细胞分裂产生的。现在除细胞分裂外还没有证据说明细胞繁殖有其他途径。

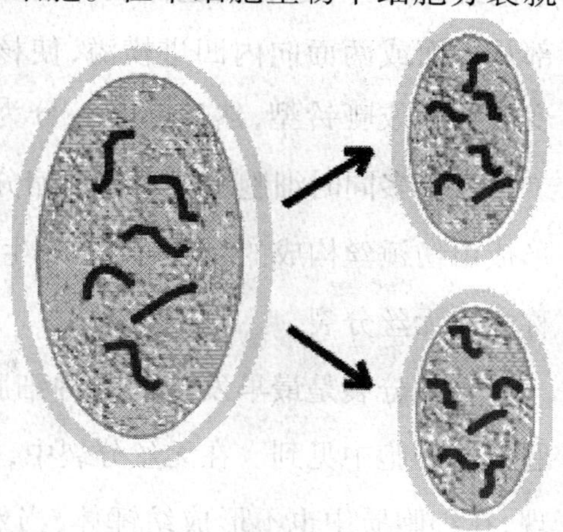

细胞分裂示意图,分裂前后染色体数目保持一致,维持物种遗传信息的稳定性。

www.historyoftheuniverse.com/celldivi.html

有几种细胞分裂方式?

按细胞核分裂的状况可分为 3

种:即有丝分裂、减数分裂和无丝分裂。有丝分裂是真核细胞分裂的基本形式。减数分裂是在进行有性生殖的生物中导致生殖母细胞中染色体数目减半的分裂过程。它是有丝分裂的一种变形,由相继的两次分裂组成。无丝分裂又称直接分裂。

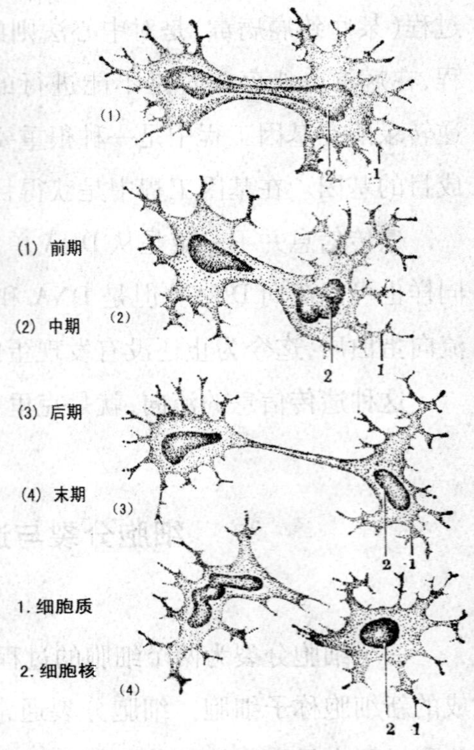

无丝分裂示意图,因分裂过程中不出现染色体这一结构而得名。

course. tjac. edu. cn/jiadongping/kejian2. htm

无丝分裂过程怎样的?

无丝分裂时由于不经过染色体有规律的平均分配,故存在遗传物质不能保证(但是不是没有可能)平均等分配的问题,由此有些人认为这是一种不正常的分裂方式。

其典型过程是核仁首先伸长,在中间缢缩分开,随后核也伸长并在中部从一面或两面向内凹进横溢,使核变成肾形或哑铃型,然后断开一分为二。差不多同时细胞也在中部缢缩分成两个子细胞,由于在分裂过程中不形成由纺锤丝构成的纺锤体,不发生由染色质浓缩成染色体的变化,所以称之为无丝分裂。

无丝分裂是最早发现的一种细胞分裂方式,早在 1841 年德马克于鸡胚血球细胞中见到。在无丝分裂中,核仁、核膜都不消失,没有染色体的出现,在细胞质中也不形成纺锤体,当然也就看不到染色体复制和平均分配到子细胞中的过程。但进行无丝分裂的细胞,染色体也要进行复制,并且细胞要增大。当细胞核体积增大一倍时,细胞就发生分裂。至于核中的遗传物质DNA时如何分配到子细胞中的,还有待进一步研究。无丝分裂是最简单的分裂方式。过去认为无丝分裂主要见于低等生物和高等生物体内的衰老或病态细胞中,但后来发现在动物和植物的正常组织中也比较普遍地存在。

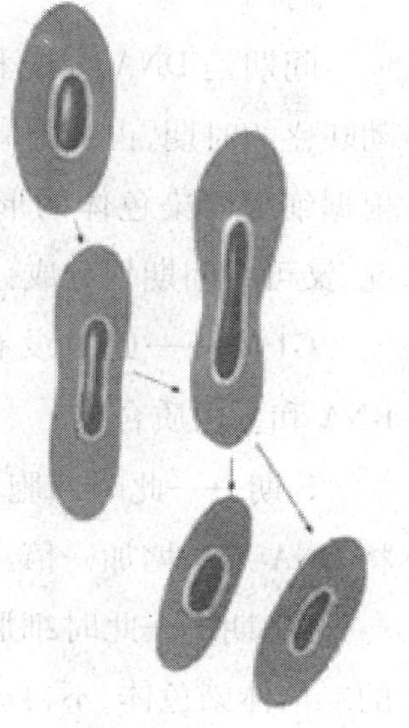

蛙红细胞无丝分裂过程图

http://www.zrkx.com/html/shengwupindao/bixiudiyice/tupiansucai/20071213/316.html

无丝分裂在高等生物中主要是高度分化的细胞,在动物的上皮组织、疏松结缔组织、肌肉组织和肝组织中,在植物各器官的薄壁组织、表皮、生长点和胚乳等细胞中,都曾见到过无丝分裂现象。

有丝分裂如何进行的?

有丝分裂又称为间接分裂,由W·Fleming(1882)年首次发现于动物及E·Strasburger(1880)年发现于植物。特点是有纺锤体染色体出现,子染色体被平均分配到子细胞,这种分裂方式普遍见于高等动植物(动物和低等植物)。是真核细胞分裂产生体细胞的过程。细胞进行有丝分裂具有周期性。即连续分裂的细胞,从一次分裂完成时开始,到下一次分裂完成时为止,为一个细胞周期。一个细胞周期包括两个阶段:分裂间期和分裂期。

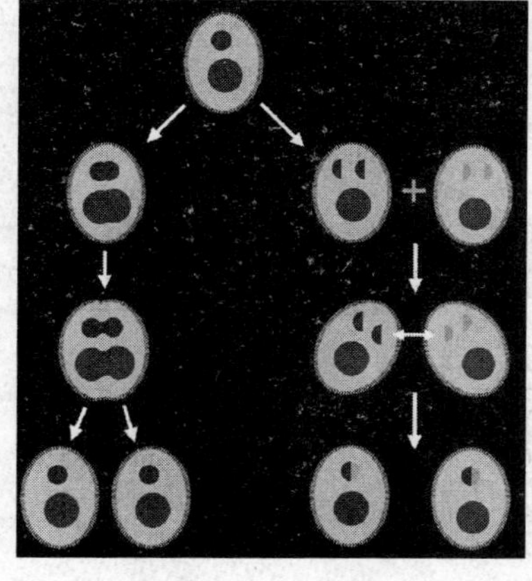

细菌无丝分裂

www.ciliate.org/conjugation.shtml

细胞有丝分裂过程是一个连续的过程,为了便于研究,认为划分为分裂间期和分裂期,分裂期又分为前期,中期,后期,和末期四个时期,不同时期的染色体的形态和行为是各不相同的。

间期

间期是DNA合成和细胞生理代谢活动旺盛的时期，占细胞周期的大部分时间。根据细胞内染色体的形态和DNA合成情况，又可将间期划分成：

细胞分裂周期示意图

learninglab. co. uk/headstart/cycle3. htm

G1期——此时没有DNA复制，但有RNA和蛋白质合成。

S期——此时细胞内进行DNA合成，将DNA总量增加一倍。

G2期——此时细胞里含有两套完整的二倍体染色体，不再进行DNA合成。

M期(分裂期)——此时染色体真正开始分裂。

前期

染色质丝螺旋缠绕，缩短变粗，高度螺旋化成染色体。每条染色体包括两条并列的姐妹染色单体，这两条染色单体有一个共同的着丝点连接着。并从细胞的两极发出纺锤丝。(高等植物的纺锤体直接从细胞两极发出，高等动物及某些低等植物的纺锤体是由中心体发出星射线而形成的)梭形的纺锤体出现，染色体散乱分布在纺锤体的中央，细胞核分解，核仁消失，核膜逐渐解体。

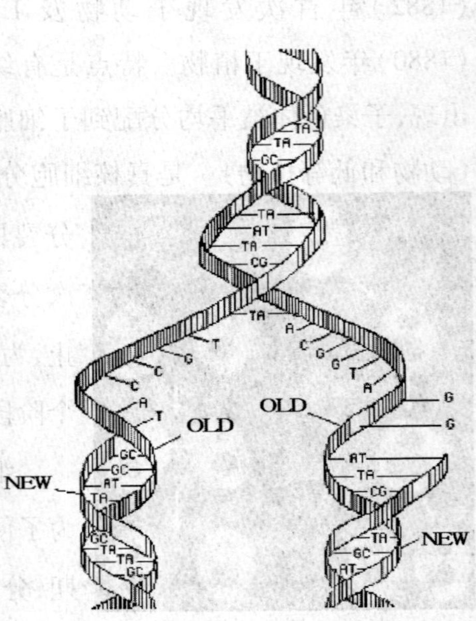

间期(染色体复制)

http://library. thinkquest. org/C006188/basics/replication. htm

中期

细胞分裂的中期，纺锤体清晰可见。这时候，每条染色体的着丝点的两侧，都有纺锤丝附着在上面，纺锤丝牵引着染色体运动，使每条染色体的着丝点排列在细胞中央的一个平面上。这个平面与纺锤体的中轴相垂直，类似于地球上赤道的位置，所以叫做赤道板。分裂中期的细胞，染色体的形态比较固定，数目比较清晰，便于观察清楚。

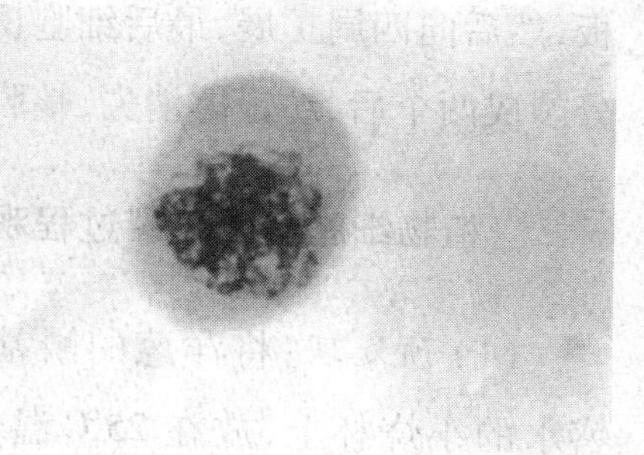

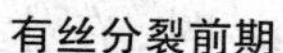

有丝分裂前期

http://wuzhong.edu.xm.fj.cn

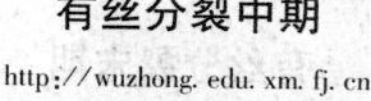

有丝分裂中期

http://wuzhong.edu.xm.fj.cn

后期

染色体分裂成单染色体，每一条向不同方向的细胞两极移动，形成两个子核，每个子核的染色体数目和 DNA 含量又恢复到正常水平。注意：生物种类的不同，细胞中染色体的数目也不同。例如，黑腹果蝇有 4 对共 8 条染色体，人有 23 对共 46 条染色体，洋葱的细胞内有 8 对共 16 条染色体，水稻有 12 对共 24 条染色体。

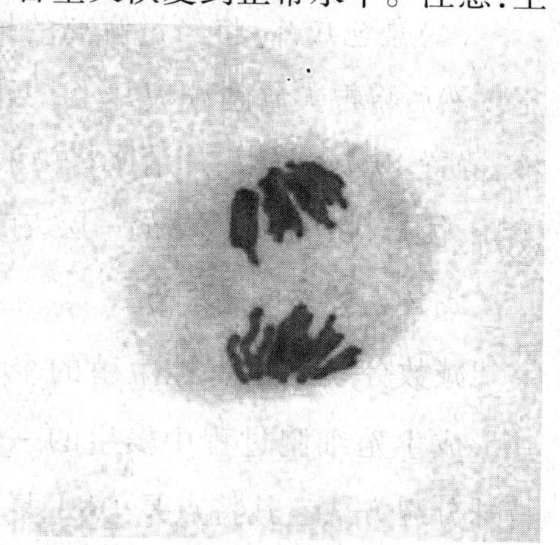

有丝分裂后期

http://wuzhong.edu.xm.fj.cn

末期

染色体到达两极后解螺旋形成染色质丝，动物细胞的细胞质从中间凹陷缢缩，一分为二形成两个子细胞；植物细胞在细胞中央形成细胞

板，然后向四周扩展，最后细胞板变成细胞壁，将细胞一分为二。细胞一个分裂成两个后，纺锤体消失，核膜、核仁重建。

植物细胞有丝分裂过程观察？

(1) 预处理：将洋葱的鳞基置于盛水的小烧杯上，放在25℃温箱中，待根长到2cm时，在上午九时取下根尖。

(2) 固定：将根尖放到卡诺固定液（无水酒精3份：冰醋酸1份）中，固定24小时。固定材料可转入70%乙醇中，在4℃冰箱中保存。

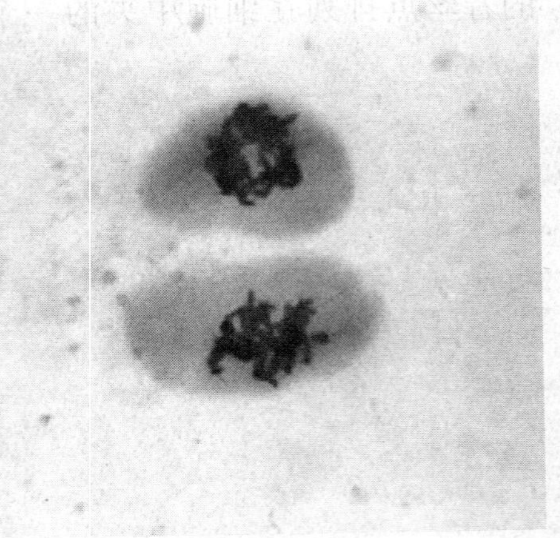

有丝分裂末期

http://wuzhong. edu. xm. fj. cn

(3) 解离：从固定液中取出根尖，用蒸馏水漂洗，再放到解离液中，室温水解10min。

(4) 染色压片：将经过解离的根尖用蒸馏水漂洗数次，放在新培养皿里。然后将根尖放到载玻片上，切取根尖分生组织，加1～2滴龙胆紫溶液，静置10min。然后用清水将染液洗净，盖上盖玻片，再用拇指适当用力下压，使材料分散成薄薄的一层，在显微镜下镜检。

减数分裂如何进行的？

减数分裂是指有性生殖的个体在形成生殖细胞过程中发生的一种特殊分裂方式。其特点是DNA复制一次，而细胞连续分裂两次，形成染色体数目减半的精子和卵子，通过受

染色后的洋葱根尖

精作用又恢复二倍体。

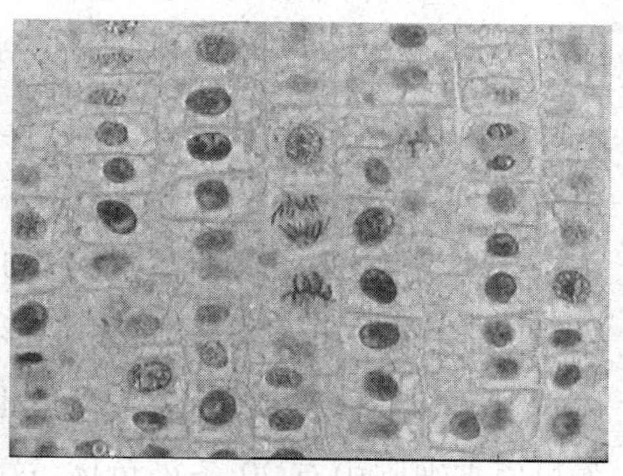

显微镜下的洋葱根尖细胞

tieba. baidu. com/f? kz = 33341858

减数分裂过程中同源染色体间发生交换，使配子的遗传多样化，增加了后代的适应性，因此减数分裂不仅是保证生物种染色体数目稳定的机制，同且也是物种适应环境变化不断进化的机制。

减数分裂过程中遗传物质只复制一次，复制过程和有丝分裂一样，染色体复制完成的性原细胞称为初级性母细胞。然后细胞连续分裂两次，两次分裂过程不一样，第一次分裂时同源染色体分开，第二次分裂是姐妹染色单体分开，具体过程如下。

第一次分裂

复制过程和有丝分裂一样，染色体复制完成的性原细胞称为初级性母细胞。然后细胞连续分裂两次，两次分裂过程不一样，第一次分裂时同源染色体分开，第二次分裂是姐妹染色单体分开，具体过程如下。

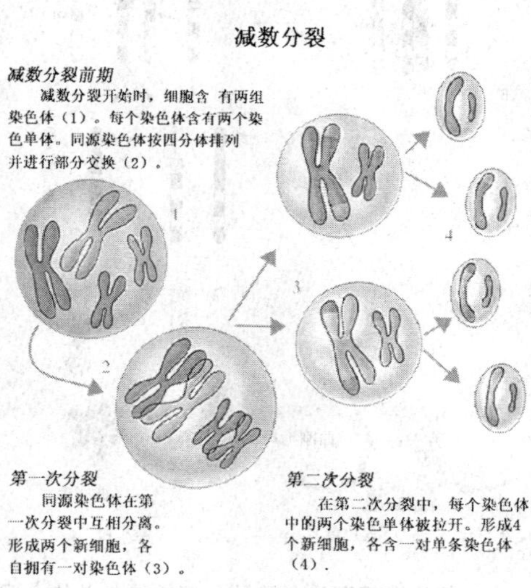

减数分裂过程示意图

http://www.eku.cc/xzy/sctx/141566.htm

前期Ⅰ：这一时期发生在核内染色体复制已完成的基础上，整个时期比有丝分裂的前期所需时间要长，变化更为复杂。根据染色体形态，又被分为5个阶段：

①细线期，细胞核内出现细长、线状的染色体，细胞核和核仁继续增

大。在一些植物中，细长的染色体还经过一度缠绕、缩短变粗，使轮廓清晰可见。这时，每条染色体含有二条染色单体，它们仅在着丝点处相连接。

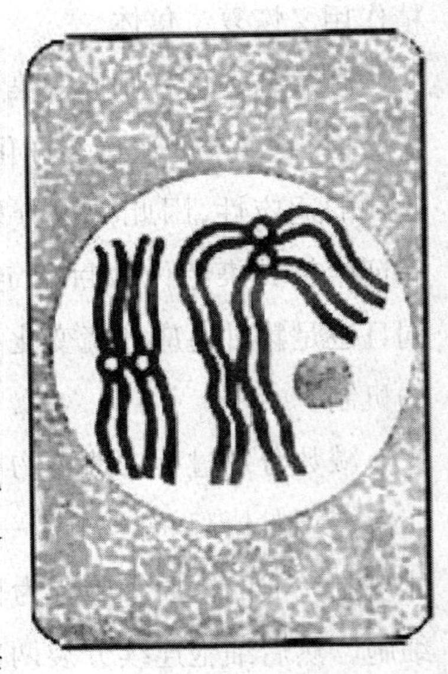

偶线期

xyzw. plantlib. net/plant/plant/08/0802. htm

②偶线期也称合线期，细胞内的同源染色体（即来自父本和母本的二条相似形态的染色体）两两成对平列靠拢，这一现象也称联会。如果原来细胞中有 20 条染色体，这时候便配成 10 对。每一对含 4 条染色单体，构成一个单位，称四分体。

③粗线期，染色体继续缩短变粗，同时，在四联体内，同源染色体上的一条染色单体与另一条同源染色体的染色单体彼此交叉组合，并在相同部位发生横断和片段的互换，使该二条染色单体都有了对方染色体的片段，从而导致了父母本基因的互换，但每个染色单体仍都具有完全的基因组。

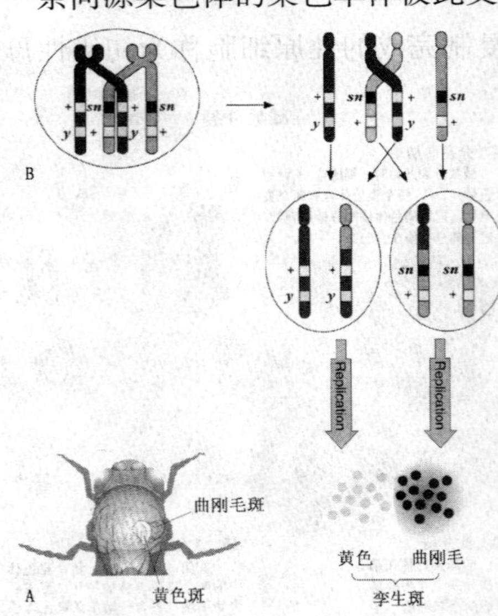

粗线期同源染色体的非姐妹染色单体之间的部分染色体进行互换，会产生新基因型。

202. 116. 83. 77/.../course/G10/webtext/G10 – 3. html

④双线期，发生交叉的染色单体开始分开，由于交叉常常不止发生在一个位点，因此，使染色体呈现出 X、V、8、0 等各种形状。

⑤终变期，染色体更为缩短，达到最小长度，并移向核的周围靠近核膜的位置。以后，核膜、核仁消失，最后并出现纺锤丝。

中期Ⅰ:各成对的同源染色体双双移向赤道面。细胞质中形成纺锤体。这时与一般有丝分裂中期的区别在于有丝分裂前期因无联会现象,所以中期染色体在赤道面上排列不成对而是单独的。

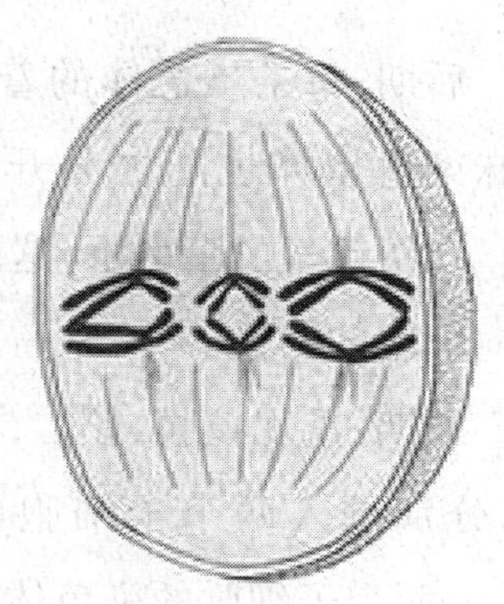

第一次分裂中期

http://www.oursci.org/magazine/200301/030110.htm

后期Ⅰ:由于纺锤丝的牵引,使成对的同源染色体各自发生分离,并分别向两极移动。这时,每一边的染色体数目只有原来的一半。

末期Ⅰ:到达两极的染色体又聚集起来,重新出现核膜、核仁,形成二个子核;初级性母细胞分成两个次级性母细胞。

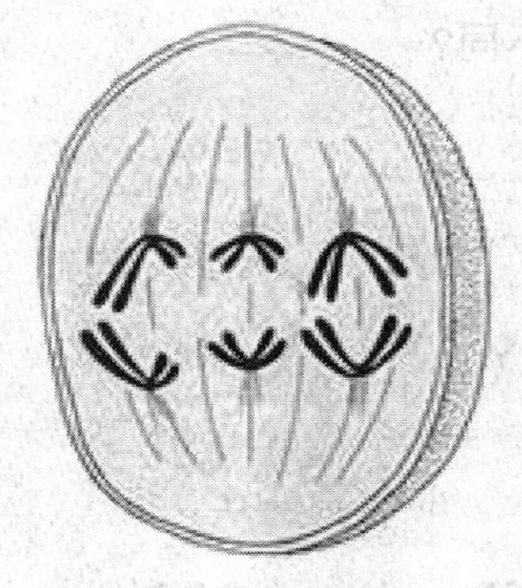

第一次分裂后期

http://www.oursci.org/magazine/200301/030

由上可知,这两个次级性母细胞的染色体数目,只有初级性母细胞的一半。然后,新生成的子细胞紧接着发生第二次分裂,将复制好的姐妹染色单体分开。

第二次分裂

减数第二次分裂与减数第一次分裂紧接,也可能出现短暂停顿。染色体不再复制。每条染色体的着丝点分裂,姐妹染色单体分开,分别移向细胞的两极,有时还伴随细胞的变形。

前期:染色体首先是散乱地分布于细胞之中。

中期:染色体的着丝点排列道细胞中央赤道板上。注意此时已经不存在同源染色体了。

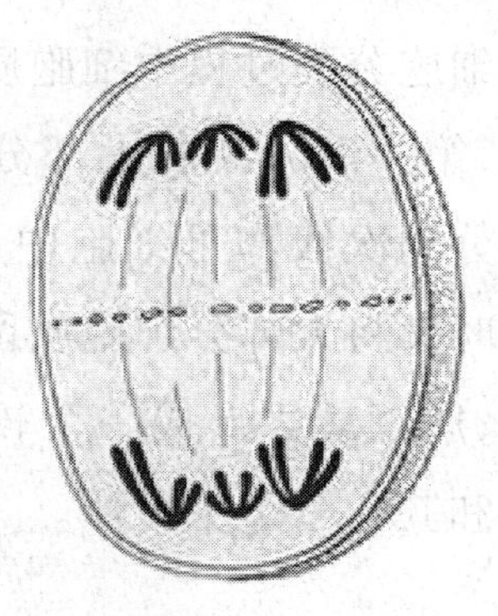

第一次分裂末期

http://www.oursci.org/magazine/200301/030

后期:每条染色体的着丝点分离,两条姊妹染色单体也随之分开,成为两条染色体。在纺锤丝的牵引下,这两条染色体分别移向细胞的两极。

末期:重现核膜、核仁,到达两极的染色体,分别进入两个子细胞(精细胞或卵细胞)。两个子细胞的染色体数目与初级性母细胞相比减少了一半。至此,第二次分裂结束。

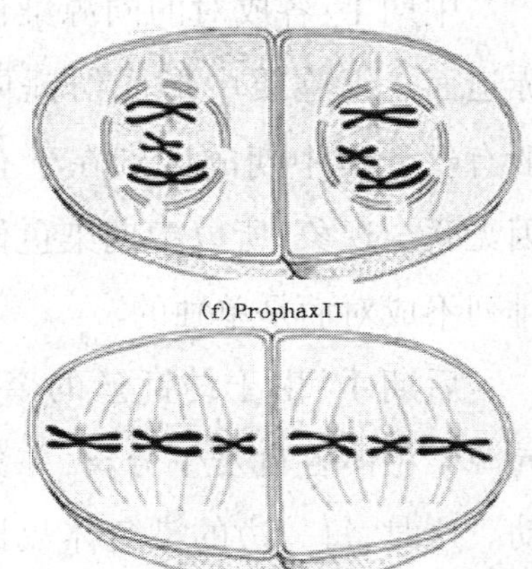

(f)ProphaxII

(g)Mcophax II

精原细胞和卵母细胞的减数分裂有什么不同?

一个精原细胞经过减数分裂形成四个两种精子,而卵原细胞经过减数分裂却只形成一个卵细胞。

因为在精原细胞两次分裂过程中,细胞质都是均等分裂的,经过两次分裂就得到四个精细胞。而卵原细胞分裂过程中细胞质不均等分裂,第一次分裂时大部分细胞质都被分到次级卵母细胞中,第二次分裂时又将大部分细胞质留在卵细胞中,所以最终形成一个较大的卵细胞和其它三个小极体。

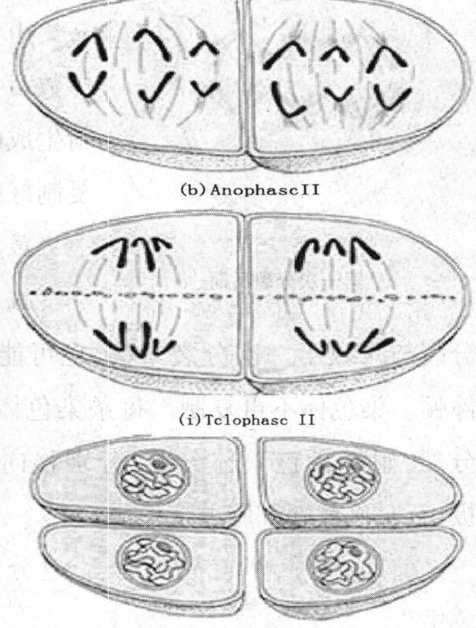

(b)AnophascII

(i)Tclophasc II

(j)Cytokincsis

第二次分裂过程

http://www.oursci.org/magazine/200301/030110.htm

探秘遗传现象

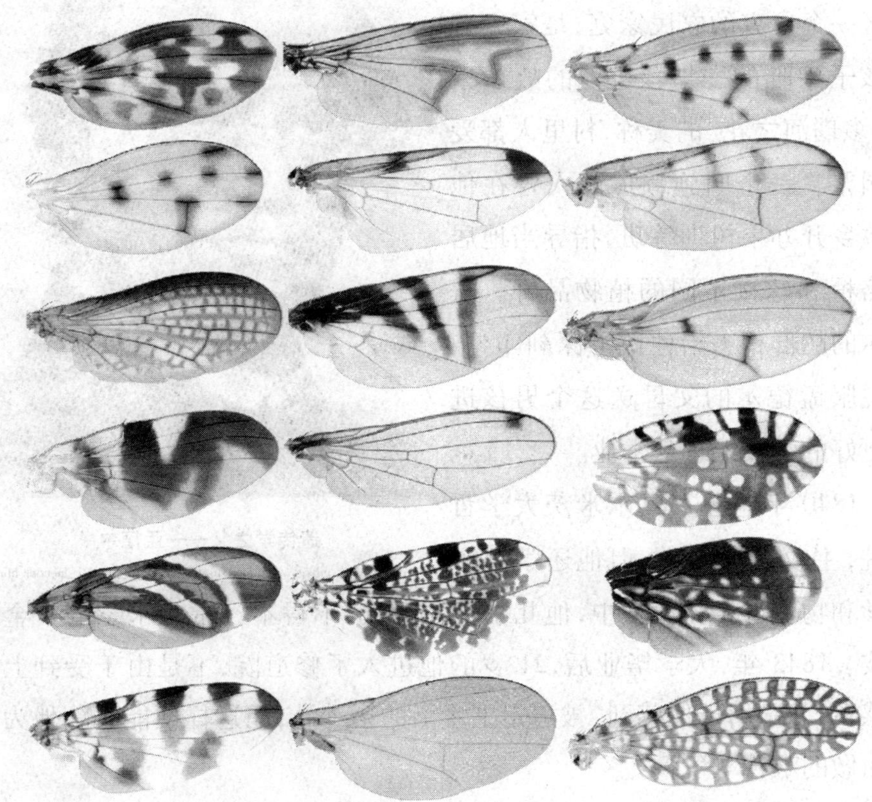

孟德尔和他的豌豆

现代遗传学之父——孟德尔

1822 年，即拿破仑死后第二年，孟德尔生于当时奥地利西里西亚德语区一个贫穷的农民家庭，是家中五个孩子中唯的一男孩。他的故乡素有“多瑙河之花”的美称，村里人都爱好园艺。一个叫施赖伯的人曾在他的故乡开办果树训练班，指导当地居民培植和嫁接不同的植物品种。孟德尔的超群智力给他留下深刻印象。他说服孟德尔的父母送这个男孩进入更好的学校继续其学业。

遗传学之父——孟德尔

http://history. nih. gov/exhibits/nirenberg/popup_htm/01_mendel. htm

1840 年他考入奥尔米茨大学哲学院，主攻古典哲学，但他还学习了数学和物理学。在大学中，他几乎身无分文，不得不经常为求学的资金而奔波。1843 年，大学毕业后，21 岁的他进入了修道院，不是由于受到上帝的感召，而是由于他感到“被迫走上生活的第一站，而这样便能解除他为生存而做的艰苦斗争”。

1849 年他获得一个担任中学教师的机会。但在 1850 年的教师资格考试中，他的成绩很惨。为了“起码能胜任一个初级学校教师的工作”，他所在的修道院根据一项教育令把他派到维也纳大学，希望他能得到一张正式

的教师文凭。

就这样，孟德尔被准许在维也纳大学学习，度过了从 1851 到 1853 年的四个学期。在此期间，他学习了物理学、化学、动物学、昆虫学、植物学、古生物学和数学。同时，他还受到杰出科学家们的影响，如多普勒，孟德尔为他当物理学演示助手；又如依汀豪生，他是一位数学家和物理学家；还有恩格尔，他是细胞理论发展中的一位重要人物，但是由于否定植物物种的稳定性而受到教士们的攻击。孟德尔也许从他那里学到了把细胞看作为动植物有机体结构的观点。恩格尔是孟德尔有史以来遇到的最好的生物学家。他对遗传的看法具体而实际：遗传规律不是用精神本质决定的，也不是由生命力决定的，而是通过真实的事实来决定的。孟德尔在这方面也受到了恩格尔的很大影响。

孟德尔所在的修道院

http://www.nature.com/nature/journal/v410/n6824/full/410006b0.html

孟德尔在观察豌豆

kentsimmons.uwinnipeg.ca/cm1504/mendel.htm

1953 年，已经 31 岁的孟德尔重新回到布尔诺的修道院，从这时起，孟德尔决定把他的一生贡献给生物学方面的具体实验。

1854 年夏天，孟德尔开始用三十四个豌豆株系进行他的工作。1856 年，他开始了著名的一系列试验，8 个寒暑的辛勤劳作，孟德尔发现了生物遗传的基本规律，并得到了相应的数学关系式。人们分别称他的发现为“孟德尔第一定律”和“孟德尔第二定律”，它们揭示了生物遗传奥秘的基本规律。

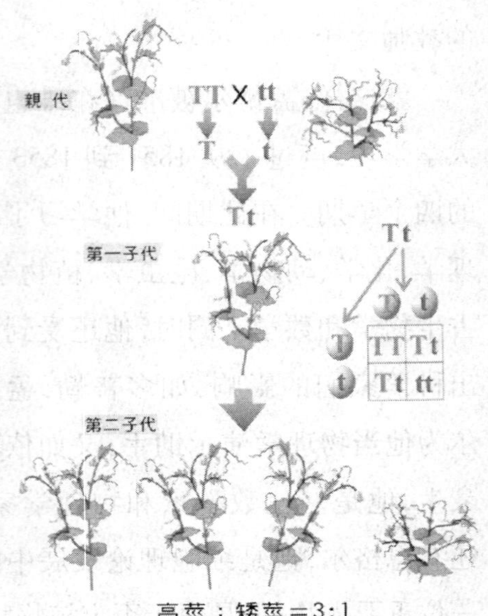

高茎与矮茎豌豆杂交试验

www. fathom. com/feature/122612/index. html

在1865年“布隆自然历史学会”上宣读他的论文，并于1866年发表于该会的会议录上，然而在当时并没有引起轰动，而是无声无息地沉寂下来。就是这篇当时被完全忽视而日后被发掘出来的论文奠定了孟德尔遗传学史上的地位。

在孟德尔的同代人眼中，这个有教养的老修士似乎是在用一些愚蠢的、但却也无害的方法来消磨时间。1884年6月6日，孟德尔死于慢性肾脏疾病。他的后继者烧毁了他的私人文件。因此我们几乎没有关于孟德尔的原始资料或灵感的直接知识。

孟德尔遗传规律在当时为何不被重视的？

孟德尔清楚自己的发现所具有的划时代意义，但他还是慎重地重复实验了多年，以期更加臻于完善。1865年，孟德尔在布鲁恩科学协会的会议厅，将自己的研究成果分两次宣读。第一次，与会者礼貌而兴致勃勃地听完报告，孟德尔只简单地介绍了

孟德尔豌豆试验的后花园

http://www. sciencenet. cn/blog/user_content. a

试验的目的、方法和过程，为时一小时的报告就使听众如坠入云雾中。

孟德尔定律重发现者－德国的科伦斯

第二次，孟德尔着重根据实验数据进行了深入的理论证明。可是，伟大的孟德尔思维和实验太超前了。尽管与会者绝大多数是布鲁恩自然科学协会的会员，既有化学家、地质学家和生物学家，也有生物学专业的植物学家、藻类学家。然而，听众对连篇累续的数字和繁复枯燥的论证毫无兴趣。他们实在跟不上孟德尔的思维。

1884 年（62 岁）逝世。带着对遗传学无限的眷恋，回归了无机世界。孟德尔在临死前几个月曾说过一句令人心酸的话："……我深信，全世界承认这项工作成果之时已为期不远了。"虽说不远，其实也不近。从孟德尔讲这句话，到他的工作完全被学术界承认，又过了 16 年，而距他的论文发表之时已经长达 35 年！

孟德尔定律重发现

孟德尔定律重发现者－奥地利的丘歇马克

1900 年，三位植物学家分别用不同的植物证实了孟德尔的发现，1900 年成为遗传学史乃至生物科学史上划时代的一年，从此，遗传学进入了"孟德尔时代"。

第一个重新发现孟德尔定律的荷兰学者德弗里斯，早在 1893 年就用罂粟等植物进行杂交实验，并发现后代的 3：1 分离现象，1898 年他又用月见草、白屈菜等进行

生命科学

实验，差不多都得到了与罂粟相同的结果。德弗里斯在他发表的德文论文中提到了孟德尔的工作。

孟德尔定律重发现者－荷兰的德弗里斯

孟德尔定律第二发现人德国的科伦斯和第三发现人奥地利的丘歇马克都是在1898年开始做豌豆杂交实验的。科伦斯的论文题目是“关于种间杂种后代行为的G·孟德尔定律”，他最先认识到孟德尔发现的重要性，并称之为“孟德尔定律”，科伦斯的杂交实验材料还有水稻、玉米等。丘歇马克的发现直接来自豌豆杂交实验，他的论文题目就是“豌豆的人工杂交”，丘歇马克终生致力于表彰孟德尔的功绩。

孟德尔如何做豌豆实验的？

孟德尔先是收集了34个各自具有易于识别的形态特性的豌豆品系。为了保证这些品系的独有特性是稳定不变的，他把这些品系先种植了两年，最终挑选出22个有明显差异的纯种豌豆植株品系。

在挑选出纯种豌豆后，孟德尔用它们进行杂交，例如把长得高的同长得矮的杂交，把豆粒圆的同皱的杂交，把结白豌豆的植株同结灰褐色豌豆的植株杂交，把沿豌豆藤从下到上开花的植株同只是顶端开花的植株

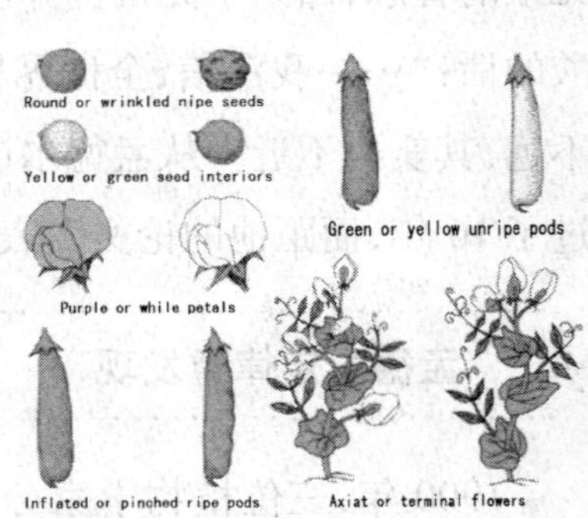

孟德尔研究的豌豆七对相对性状

http://nitro.biosci.arizona.edu/courses/EEB195 - 2007/Lecture02/Lecture02.html

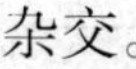

杂交。

八年时间中,孟德尔一共研究了 28000 株植物,其中有 12835 株是经过“仔细修饰”的。通过这些实验,孟德尔获得了大量的实验数据。

如何得出分离定律?

孟德尔发现如果把仅有一对性状的品系进行杂交,第一代杂种(F1)只出现亲本一方的性状。比如光滑的圆豆粒与皱的粗糙豆粒杂交,结果得到的完全是光滑的圆豆粒。如果让 F1 代自交,那么在得到的杂交第二代(F2)中就出现了两种情况:既有光滑的圆豆粒,也有粗糙的皱豆粒。他的一次实验结果是:5474 个光滑种子,1850 个粗糙种子。两者的比例约为 2.96:1。这只是孟德尔所研究的豌豆一种性状的实验结果。孟德尔一共研究了七种性状。孟德尔关于 F2 代的试验结果如下表:

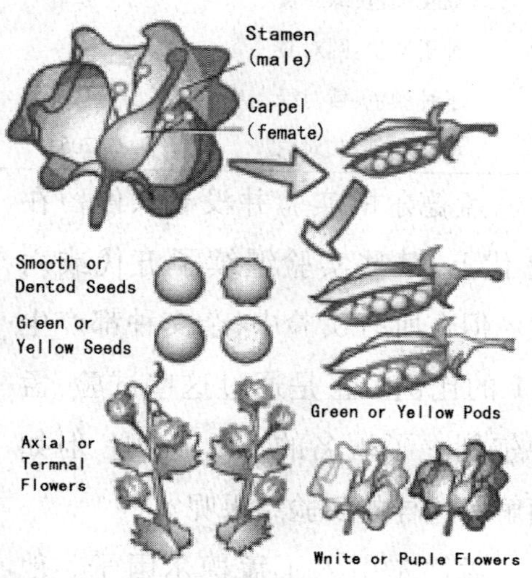

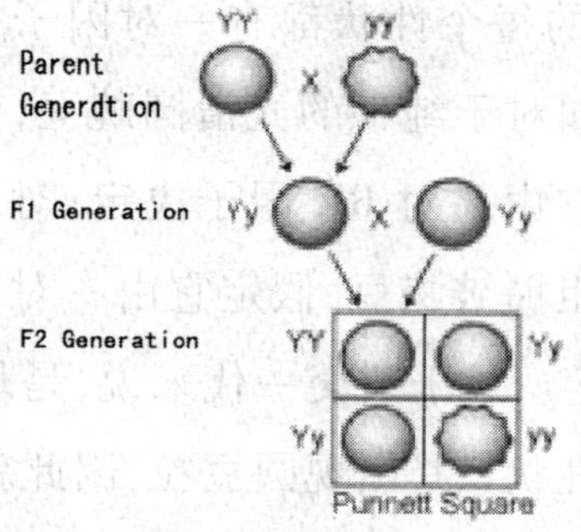

孟德尔豌豆杂交试验——基因分离规律

http://www.seq.ubc.ca/a-monks-flourishing-g

可以发现,所有的实验都有相似的结果。在 F1 代只出现一种性状,而在 F2 代中亲本双方的性状都将出现,而且在 F1 代中出现过的性状与 F1 代中未出现过的性状之比例接近 3:1。

研究性状	植物数目		比例
	显性	隐性	显性/隐性
茎长:高对矮	787	277	2.84:1
花位:顶位对侧位	651	207	3.141:1
豆荚形状:膨胀对收缩	882	299	2.95:1
豆荚颜色:绿对黄	428	152	2.85:1
种子形状:圆对皱	5474	1850	2.96:1
子种颜色:黄对绿	6022	2001	3.01:1
种皮颜色:灰对白	705	224	3.15:1

孟德尔的实验并没有只停留在F2代上,某些实验继续了五代或六代。但在所有实验中,杂交种都产生3:1的比例。正是通过这些试验,孟德尔创立了著名的3:1比例。但如何解释这样的实验结果呢?

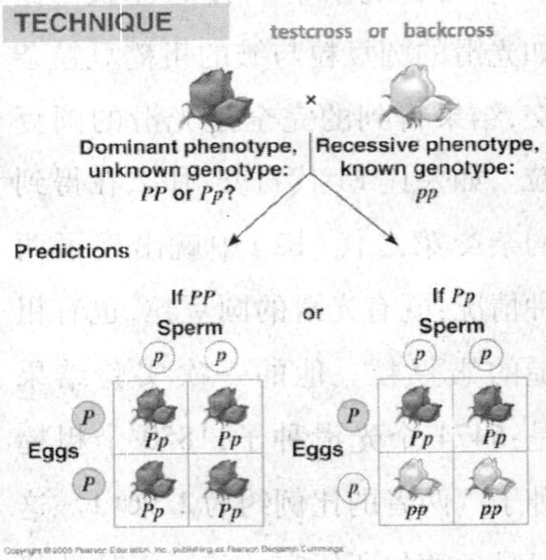

豌豆测交试验

http://porpax.bio.miami.edu/~cmallery/150/mendel/heredity.htm

孟德尔引入了孟德尔因子。他假定豌豆的每个性状都有一对因子所控制。如对于纯种的光滑圆豌豆,可以假定它由一对RR因子决定;对于纯种的粗糙皱豌豆,假定它由一对rr因子决定。对于杂交一代来说,是从亲本中各获取一个因子,于是得到Rr。由于性状只是出现圆豆粒,因此就把这种F1中出现的性状称为显性性状,而F1中未出现的性状称为隐性性状。相应的,决定显性性状的因子称为显性因子,而决定隐性性状的因子称为隐性因子。而对于具有Rr因子的F1代而言,进行自交的结果就会出现四种结果:RR、Rr、Rr、rr。或者简单记作:RR+2Rr+rr。结合上显性、隐性,显然恰好会出现显性性状与隐性性状之比为3:1的结果。并且杂种的后代,代代都发生分离,比例为2

(杂):1(稳定类型):1(稳定类型)。

于是,在孟德尔因子的假定下,实验结果得到了完美的解释。

如何得出自由组合定律?

以上只是单变化因子的实验。如果是多变化因子又如何呢?孟德尔对此也做了一些实验与研究。他做过两个双变化因子杂交和一个三变化因子杂交试验。结果与他根据上述理论的预测非常吻合。从而得出自由组合律:每对基因自由组合或分离,而不受其他基因的影响。

AABB × aabb parental generation (P)

self-pollinated AaBb F_1 generation

♀ \ ♂ (pollen)	AB	Ab	aB	ab
ovules AB	AABB	AABb	AaBB	AaBb
Ab	AABb	AAbb	AaBb	Aabb
aB	AaBB	AaBb	aaBB	aaBb
ab	AaBb	Aabb	aaBb	aabb

F_2 generation

两对相对性状的杂交实验

http://www.britannica.com/EBchecked/topic –

为何选用豌豆做试验?

豌豆作为遗传研究对象,最大的一个优点是因为,豌豆是自花传粉,而且是闭花传粉。意思就是豌豆自己的花药落到自己的雌蕊上面受粉,而且,这个受粉过程在花开之前完成。这个特性就决定了自然界中所有豌豆的基因性都是天然的纯合子。这样,孟德尔的研究才能出来正确结果,否则,如果纯合杂合相互掺杂,就得不出结论来了。

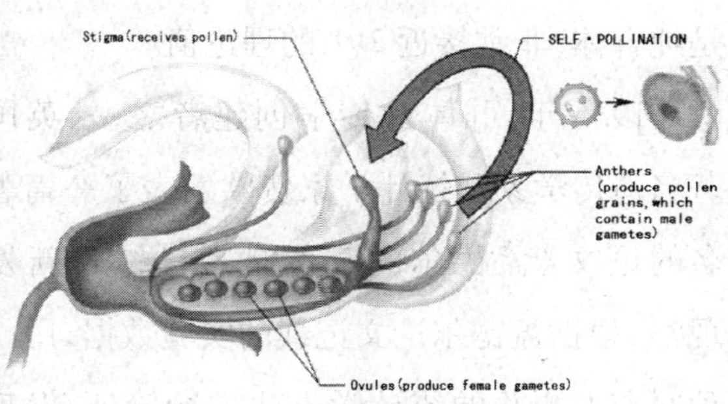

豌豆是自花传粉、闭花授粉植物

http://porpax.bio.miami.edu/~cmallery/150/mendel/heredity.htm

生命科学

孟德尔豌豆试验有假吗？

孟德尔共研究了7对性状。其中2对性状（种子形状和子叶颜色）只要看看结的种子就可以分清，但是剩下的5对性状（例如茎的高矮）却必须把种子种下去，让植株生长、成熟才能知道，也就是说，对这些性状的植株还要培育出第三子代。由于田地有限，孟德尔对这5个显性性状的第二子代各挑了100株做试验，每一株培育10株后代进行验证。其中有一个性状的试验结果不理想，他对之重复了试验，这样合起来他共对600株第二子代做了试验，根据第三子代的结果，他断定其中有399株是杂合体，201株是纯合体，非常接近2∶1的理论值。

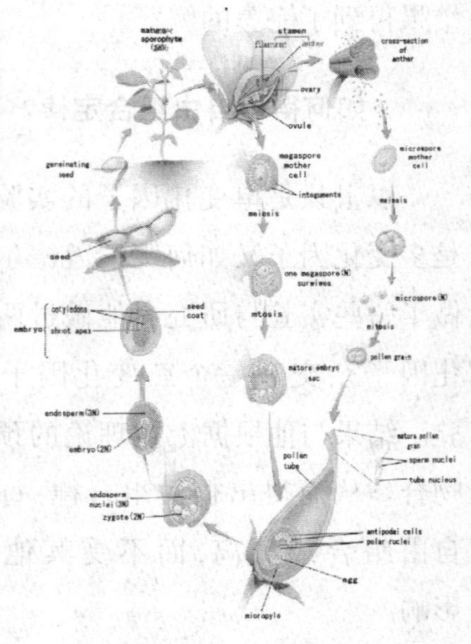

豌豆生长周期

universe - review. ca/R10 - 34 - anatomy2. htm

1936年，群体遗传学创建者之一、英国著名遗传学家和统计学家费歇发表了一篇著名的论文《孟德尔的工作是否已被重新发现?》，根据孟德尔论文记载的实验数据，用一种叫卡方测验的统计学方法进行验证，发现孟德尔的数据好得令人起疑。更令人起疑的是，有的数据符合的是错误的理论值，疑点最大的就是上述的试验。

统计学家费歇尔从统计学角度认为孟德尔数据有疑问。

en. wikipedia. org/wiki/Ronald_Fisher

孟德尔是根据10株第三子代的性状来

推断第二子代的基因型，但是这个方法并不完全可靠。孟德尔没有想到的是，即使某株第二子代是杂合体，它的10株后代也有可能很偶然地全都是只表现出显性性状的杂合体，从而错误地推断它为纯合体，发生这种错判的概率是5.63%。因此，用孟德尔的方法做试验，由于样本太小，会有一定的误差，一小部分杂合体会被误判为纯合体，由此得到杂合体与纯合体的比例应是大约1.7:1，而不是2:1。费歇因而认为，孟德尔报告的数据是不真实的，是为了凑2:1的理论值而编造的。费歇倒不认为是孟德尔本人造假，而是猜测孟德尔的助手在为孟德尔做统计时，为了取悦孟德尔而给了他预料中的数据。

表11－1　孟德尔用豌豆做实验所得的结果(单因杂交)

亲代性状	交代交配	F_1	F_2	F_2 比 F_1
种子形状	园种子×皱种子	全部园种子	5474园:1850皱	2.92:1
花的颜色	红花×白花	全部红色	705红:224白	3.15:1
种子颜色	黄色×绿色	全部黄色	882不分节:299分节	3.01:1
豆荚形状	不分节×分节	全部不分节	822不分节:299分节	2.95:1
豆荚颜色	绿色×黄色	全部绿色	428绿:152黄	2.82:1
花着生位置	花腋生×花顶生	全部花腋生	651腋生:207顶生	3.14:1
茎的高度	高植株×矮植株	全部植株	651腋生:207顶生	3.14:1

为孟德尔辩护的学者不少，而理由却大不相同。有的同意孟德尔实验数据的确有问题，但不是有意造假造成的，而是来自无意的主观偏差。某些豌豆性状并不是很容易区分的，比如某粒种子的形状该算是圆的还是皱的，有时就不太好说，碰到这种模糊状况，孟德尔可能下意识里就往有利于实验结论的方向统计；有的认为，另一种可能是，孟德尔或许做过几次试验，而只报告他认为是最好的结果。这些做法在今天看来也许不太规范，但并非有意造假。

需要指出两点:其一,孟德尔在论文中提到,他对某次实验结果不满意,做了重复实验,并报告了两次实验的结果。如此诚实,可不像一个造假者所为;其二,在1900到1909年间,有6名遗传学家重复了孟德尔的豌豆实验,发现结果完全相符。

孟德尔从豌豆试验中得到的遗传学两大定律没有丝毫有假。

孟德尔实验结果是可信的,但是有关孟德尔造假的说法仍然在大众媒体上广为流传。国内外一些反科学人士更是对此大做文章,鼓噪孟德尔"'制造'统计规律",声称"孟德尔定律过于简单化和理想化",警告我们"不可把科学理论看得过于神圣"。退一步说,即使孟德尔实验结果有假,可不等于他发现的遗传定律是假的。遗传定律早已被后人的无数实验结果所证实了。

摩尔根和他的果蝇

实验生物学奠基人——摩尔根

摩尔根是美国生物学家与遗传学家,毕生从事胚胎学和遗传学研究,在孟德尔定律的基础上,创立了现代遗传学的"基因学说"。他最负盛名的是利用果蝇进行的遗传学研究,他和他的助手从中发现了伴性遗传规律,

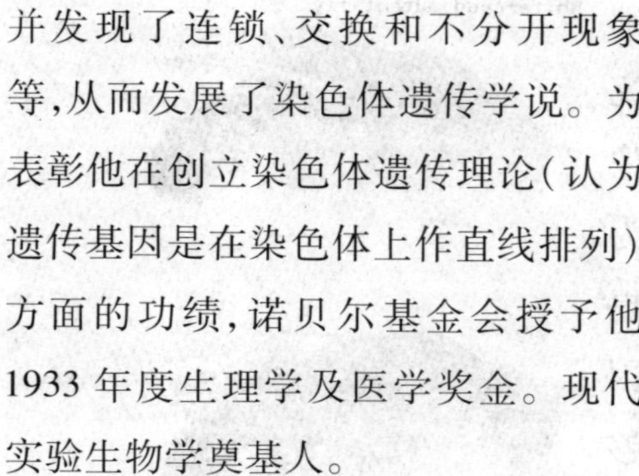

并发现了连锁、交换和不分开现象等,从而发展了染色体遗传学说。为表彰他在创立染色体遗传理论(认为遗传基因是在染色体上作直线排列)方面的功绩,诺贝尔基金会授予他1933年度生理学及医学奖金。现代实验生物学奠基人。

摩尔根因果蝇而闻名天下

http://brc.se.fju.edu.tw/nobelist/193x/p1933.htm

摩尔根于1866年9月25日生于美国肯塔基州来克星敦。他的父亲查尔顿·亨特·摩尔根和母亲爱伦·基·霍华德(查尔顿之前妻)都出身于南方名门望族。童年时代,摩尔根对博物学有着浓厚的兴趣。他曾用几个夏天的时间,到肯塔基州的乡间、山区和西马里兰州的农村观光游览,这使他有机会搜集化石和考查自然界,在肯塔基的山区,他还同美国地质勘察队一起工作了两个夏天。

1886年,他在肯塔基学院毕业,取得动物学学士学位。随后,入约翰·霍普金斯大学学习。1890年,他完成了论海洋蜘蛛的博士论文,获得哲学博士学位。1894年至1895年间,他有幸到意大利那不勒斯动物站工作十个月,在那不勒斯动物站接触到当时最优秀的成果。1895年,他开始集中研究实验胚胎学,直至1902年。

图为约翰·霍普金斯大学,是摩尔根取得博士学位的大学

baike.baidu.com/view/27336.htm

1903 年,在实验胚胎学研究的基础上,他开始了对进化论的研究,着重研究同确定性别有关的遗传学和细胞学。像本世纪初大多数胚胎学家一样,他认为达尔文的进化论有一定道理,但没有提出任何解释起源或遗传变异的机理。因此,他觉得达尔文的自然选择理论不够全面,需要用实验来检验。与此同时,他对孟德尔定律及其染色体理论也有怀疑。他决定用实验和分析方法,验证达尔文理论和孟德尔理论的可靠性。通过几年大量的实验,他从反面证实了达尔文理论和孟德尔染色体理论的正确性。因此放弃了原来的怀疑观点,接受了达尔文理论,也接受了染色体是重要的遗传结构的理论。这种讲究实际的作风,后来受到很多人的称颂。

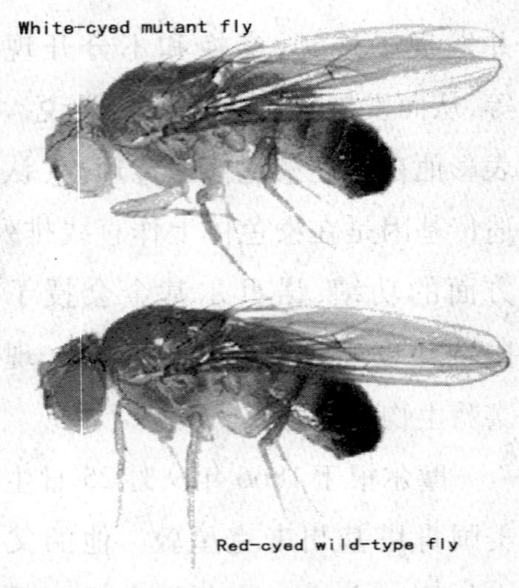

白眼果蝇和红眼果蝇

如何进行果蝇实验?

摩尔根是在 1908 年前后开始养殖果蝇的。从 1910 年起,他集中精力研究果蝇的遗传问题。

大约在 1910 年 5 月,在摩尔根的实验室中诞生了一只白眼雄果蝇,而它的兄弟姐妹眼睛都是红色的,它是从哪里来的呢?它可能是用射线照射后突变而来的,也可能是从别人实验室里产生而继承过来的。这时

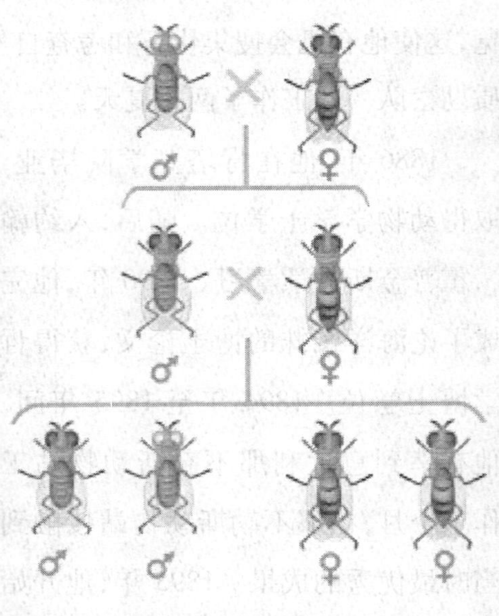

红眼果蝇与白眼果蝇杂交试验

摩尔根家里正好添了第三个孩子，当他去医院见他妻子时，他妻子的第一句话就是“那只白眼果蝇怎么样了？”他的第三个孩子长得很好，而那只白眼雄果蝇却长得很虚弱，摩尔根把它带回家中，让它睡在床边的一只瓶子中，白天把它带回实验室，不久他把这只果蝇与另一只红眼雌果蝇进行交配，在下一代果蝇中产生了全是红眼的果蝇，一共是1240只。后来摩尔根让一只白眼雌果蝇与一只正常的雄果蝇交配。却在其后代中得到一半是红眼、一半是白眼的雄果蝇，而雌果蝇中却没有白眼，全部雌性都长有正常的红眼睛。

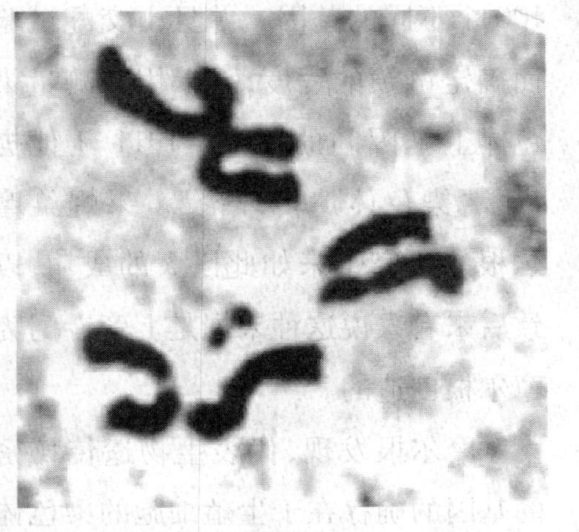

显微镜下的果蝇染色体，小的为性染色体。

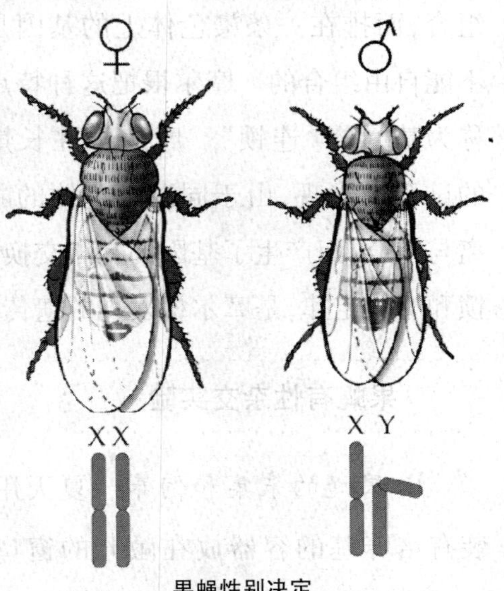

果蝇性别决定

http://biology200.gsu.edu/houghton/2107%20%2708/lecture14.html

如何解释白眼果蝇？

对这种现象的解释是眼睛的颜色基因（R）与性别决定的基因是结合在一起的，即在X染色体上。那样得到一条既带有白眼基因的X染色体，又有一条Y染色体的话，即发育为白眼雄果蝇。

如何从果蝇身上发现遗传第三定律的？

到1925年已经在这个小生物身上发现它有四对染色体，并鉴定了约

100 个不同的基因。并且由交配试验而确定链锁的程度，可以用来测量染色体上基因间的距离。1911 年他提出了"染色体遗传理论"。果蝇给摩尔根的研究带来如此巨大的成功，以致后来有人说这种果蝇是上帝专门为摩尔根创造的。

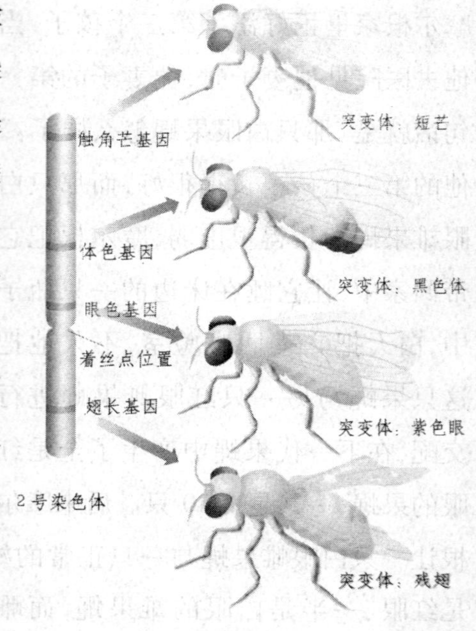

基因连锁群

多个基因位于同一条染色体上，这些基因就表现出连锁连锁现象。

http://swsck.fjsdfz.org/Photo_Class.asp? Clas

摩尔根发现，代表生物遗传秘密的基因的确存在于生殖细胞的染色体上。而且，他还发现，基因在每条染色体内是直线排列的。染色体可以自由组合，而排在一条染色体上的基因是不能自由组合的。摩尔根把这种特点称为基因的"连锁"。摩尔根在长期的试验中发现，由于同源染色体的断离与结合，而产生了基因的互相交换。不过交换的情况很少，只占 1%。连锁和交换定律，是摩尔根发现的遗传第三定律。

果蝇有性杂交实验

1. 果蝇的采集和饲养　夏天用装有培养基的容器放在敞开的窗口上，如果附近有果蝇就会飞进容器中，因为果蝇爱吃培养基表面的酵母菌。也可以用酒酿或烂水果来诱捕果蝇。诱捕到果蝇后先要进行麻醉、

果蝇饲养

http://www.foxnews.com/story/0,2933,215215,00.html

分类筛选。

2. 麻醉　选取与诱捕容器口径一样的广口瓶作麻醉瓶,瓶盖底部可塞上少量的棉絮(如无处可塞,可换用口径一样的软木塞,塞下装一小钉,在钉上用线将棉絮系牢)。先把诱捕容器底部对准强光源,利用果蝇的趋光性,使果蝇集中到底部,然后将两个容器口对准,轻轻敲击诱捕容器底部,使果蝇震落到广口瓶内。在瓶盖的棉絮上加几滴乙醚,立刻将广口瓶盖好。约半分钟左右,果蝇会被麻醉(但时间不宜过长,否则果蝇会因麻醉过度而致死)。其标志是翅和身体呈45°角翘起。

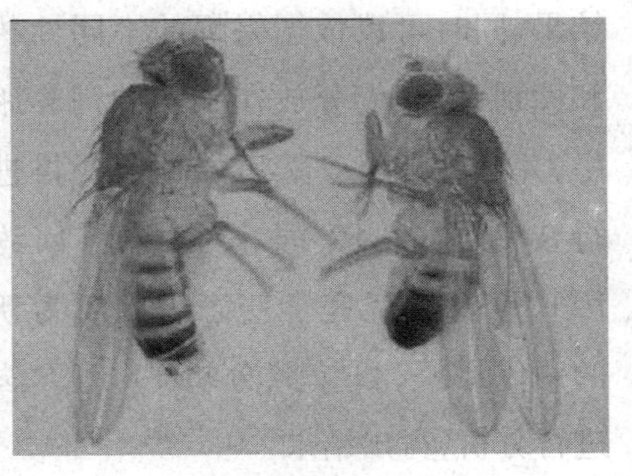

果蝇:遗传学和分子发育生物学的国王左侧为雌性,右侧为雄性

3. 分类筛选　将麻醉后的果蝇从广口瓶内倒在白纸上,先区分雌雄,方法是观察其性状,可参照下表。

部位	性别	特点
腹部	雄蝇	较小,末端圆钝,背面有三条黑色横纹,最后一条特别宽且延伸至腹面,使末端处形成一明显黑点
	雌蝇	较大,末端稍尖,背面有五条黑色横纹
第一对足	雄蝇	有一对性梳
	雄蝇	无性梳

4. 观察分析　F1果蝇完全孵化出来后,运用麻醉方法(依前所述)将其全部倒出放在一张白纸上,用放大镜观察其性状、分辨雌雄,数清数目。

通过分析,可以得出杂交的初步结果,同时可以依据果蝇的不同性状和性别,把它们分放在不同的饲养瓶中,并贴好标签。然后根据需要再进行杂交得 F2,F2 饲养方法同 F1,约 10d 左右 F2 经完全变态后而成为新的一代果蝇,再按照分析 F1 的方法进行分析,得出结果。

正在产卵的果蝇

www. sitapestsocialcommittee. com/tutorial. htm

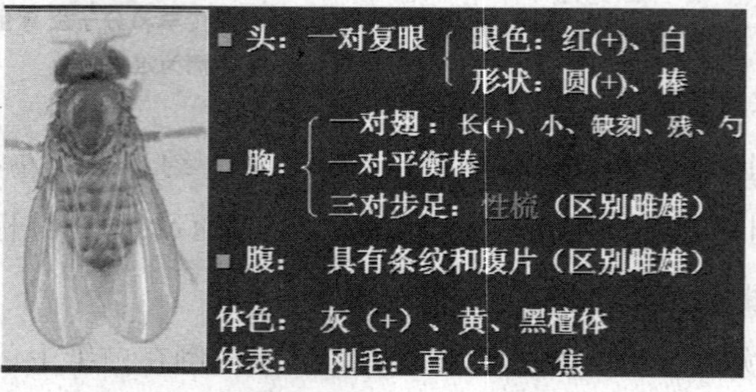

果蝇成虫的形态结构

为什么选用果蝇作为实验材料?

果蝇有几十个容易观察的特征,如个体的大小、触须的形状、眼睛的颜色以及翅膀的长短等等,这一点是它比豌豆更适合做实验材料的原因。

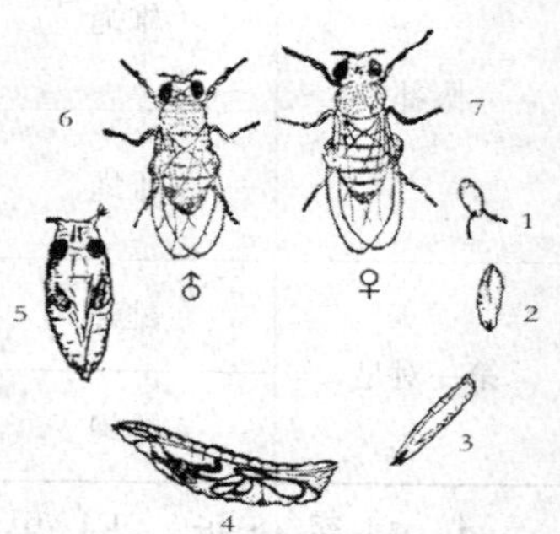

果蝇生活史:1. 卵　2. 一龄幼虫　3. 二龄幼虫　4. 三龄幼虫　5. 蛹　6. 成虫(雄)　7. 成虫(雌)

用果蝇做实验还有一个突出的优点,就是它繁殖很快。在适宜的温度和充分的食物条件下,两个星期就可以完成一代。这比豌豆一年收获一次要快上 50 倍! 当年孟德尔用了 8 年

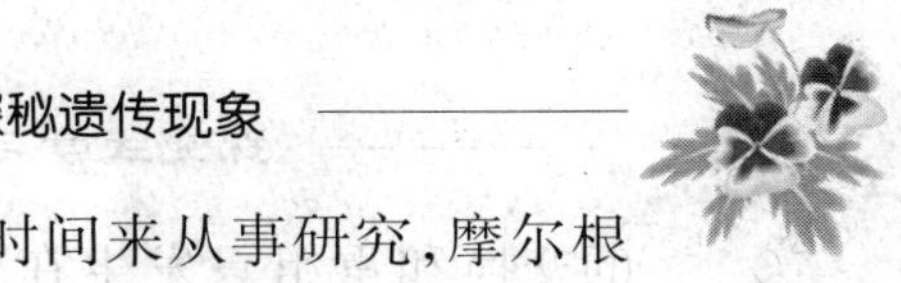

时间才完成了豌豆的杂交试验，孟德尔有足够的时间来从事研究，摩尔根的时间可就宝贵多了。

麦克林托克和她的玉米

玉米夫人——麦克林托克

巴巴拉·麦克林托克是20世纪具有传奇般经历的女科学家。麦克林托克1902年7月生于美国，在纽约的康奈尔大学学习，1923年获科学学士，1925年获文学硕士，1927年获哲学博士，毕业后先去康奈尔大学工作，1942年后在冷泉港卡内基学院工作至今。她终生从事玉米细胞遗传学方面的研究，她在玉米中发现了“会跳舞”的基因。1983年81岁高龄的麦克林托克因此被授予诺贝尔生理医学奖，成为世界上第一位独享诺贝尔奖的女性。

玉米夫人——麦克林托克

www.oursci.org/lib/AfterNewton/21.htm

麦克林托克将自己的一生都献给了她深爱的自然科学，年逾八旬的她仍在继续从事玉米细胞遗传学的研究。她一生的多数时间是在实验室里度过的，虽然她终生未嫁，但人们还是尊称她为“玉米夫人”。

“会跳舞”的基因是什么？

基因在染色体上作线性排列，基因与基因之间的距离非常稳定。常规

的交换和重组只发生在等位基因之间，并不扰乱这种距离。在显微镜下可见的、发生频率非常稀少的染色体倒位和相互易位等畸变才会改变基因的位置。

麦克林托克因玉米而闻名

http://www.resimao.org/html/en/region/product/product_id/2

可是，麦克林托克这位女遗传学家，竟然发现单个的基因会跳起舞来：从染色体的一个位置跳到另一个位置，甚至从一条染色体跳到另一条染色体上。麦克林托克称这种能跳动的基因为“转座因子”（目前通称“转座子”）。

麦克林托克如何发现“跳动基因”的？

体的一个位置跳到另一个位置，甚至从一条染色体跳到另一条染色体上。麦克林托克称这种能跳动的基因为“转座因子”（目前通称“转座子”）。

麦克林托克玉米叶片斑点的遗传特点与玉米子粒色斑很类似。

麦克林托克发现，X 射线处理可使玉米籽粒上出现斑点，或无色背景上有色素点，或有色背景上有无色区域。深入研究后她提出，X 射线能诱导染色体随机断裂，带有显性基因的染色体断裂后缺失，可使隐性基因表达。

麦克林托克另外发现，在自然状况下，同样出现与 X 射线处理后相似的现象。通过对子代细胞学检测，玉米断裂出现在9号染色体特殊位点上，就是说这种染色体断裂性状是具有非随机性和可遗传性的。用孟德尔定律和基因突变是无法解释这种现象的，于是她大胆提出假设，在9号染色体色素基因c附近，有一种不稳定因子控制染色体断裂性状，她称其为Ds因子。当她用三点测交的方法去检测Ds的时候，结果显示Ds不稳定，可从一位点跳跃到另一位点。

麦克林托克因玉米子粒上的斑点而发现了"跳动基因"

http://commons.wikimedia.org/wiki/Image:PLoS_Mu_transposon_in_maize.jpg

同时在子代叶片也发现类似的现象，对其进一步的研究，麦克林托克认为，子代叶片的色斑是由于Ac因子。在其之后的六年的深入细致的观察与科学谨慎的分析证明，她提出Ac－Ds转座系统。Ac－Ds转座系统认为，Ac是自主转座因子，可独立转座；Ds为非自主转座因子，在Ac(转座酶)的激活下转座；玉米胚乳和叶子在发育过程中，转座子插入失活的色素基因*c*，可使其胚乳和叶子出现色斑；子代发育过程中，转座子可重新从色素基因*c*转移到其他位置，此时色素基因*c*重新活化，使胚乳和叶子出现色斑。

"跳动基因"学说为何受到冷落？

素基因c重新活化，使胚乳和叶子出现色斑。

当麦克林托克1951年在冷泉港的遗传研讨会上作转座因子发现的报告的时候，她的研究结果遭到嘲讽，被称为是"疯子"理论。这是因为当时的科学主流认为：基因的稳定性、突变的随机性(摩尔根)，"一个基因一个酶"(比德尔)，基因可以"跳动"的假说难以被接受。因此麦克林托克的研究成了异端。

基于实验的确着证据,麦克林托克坚持自己的理论,并在之后的研究中发现了玉米其他转座因子,并提出,转座因子可以调节其他基因的行为,这是生命体对环境改变的主动适应能力。尽管如此麦克林托克的理论一直遭冷遇。

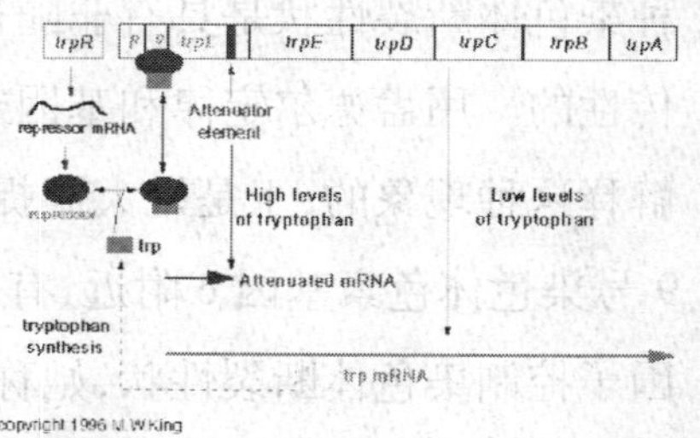

莫诺和雅可布因“跳动基因”而大受启发而提出大肠杆菌操纵子模型。

http://dwb.unl.edu/Teacher/NSF/C08/C08Lin

受麦克林托克的基因调节思想的启示,科学家莫诺和雅可布在1961年提出大肠杆菌操纵子模型——基因调节模型,并被人们所接受。此时麦克林托克欢欣鼓舞的以为,她的转座理论也该被认同了。同年,她写了篇“玉米与细菌的基因调节系统的对比”。但是,结果并不是她所想象的那样,人们接受大家熟悉的模式生物的基因调节模型的同时,并没有认同高等真核生物的转座理论。

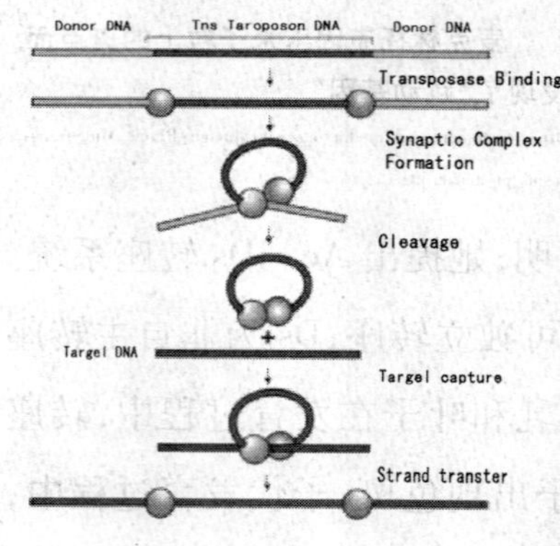

转座因子

biology.about.com/library/weekly/aa072000a.htm

二十世纪七十年代后,随着分子生物学和分子遗传学的建立和发展,转座因子在细菌、酵母、果蝇中相继被报道,人们才重新认识到,早在30年前就有一位女科学家对转座因子进行了深入细致的研究和全面深刻的阐述,并至始不逾的坚持这一理论。从此,麦克林托克的转座体系理论才真正融入到科学的主流。

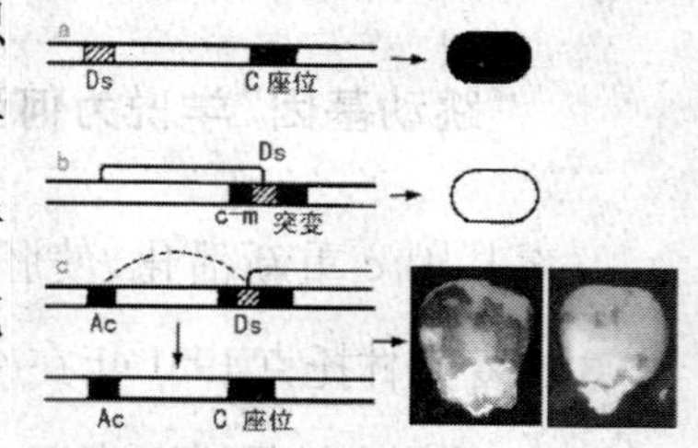

玉米C座位控制因子突变

a. 显性基因C产生有色糊粉层;

b. Ds因子插入C座位,使C突变为c-m,使糊粉层无色;

c. 在Ac存在时,可引起Ds在某些细胞转座,产生回复突变,故整个子粒呈现出在无色背景下散布着有色斑点

jpkc.zju.edu.cn/k/531/d06z/d6j.htm

在经历了30多年的孤独之后,麦克林托克的研究成果终于得到了认同,1983年她独揽诺贝尔生理医学奖。与孤独携手同行,坚持

不懈地追求自己的目标，麦克林托克最终走向了成功。

“跳动基因”理论有什么意义？

麦克林托克理论的影响是非常深远的，她发现能跳动的控制因子，可以调控玉米籽粒颜色基因的活动，这是生物学史上首次提出的基因调控模型，对后来莫诺和雅可布等提出操纵子学说提供了启发。转座因子的跳动和作用控制着结构基因的活动，造成不同的细胞内基因活性状态的差异，有可能为发育和分化研究提供新线索，说不定癌细胞的产生也与转座因子有关。转座因子能够从一段染色体中跑出来，再嵌入到另一段染色体中去，现代的 DNA 重组和基因工程技术也从这里得到过启发。转座子的确是在内切酶的作用下，从一段染色体上被切下来，然后在连接酶的作用下再嵌入到另一切口中去的。

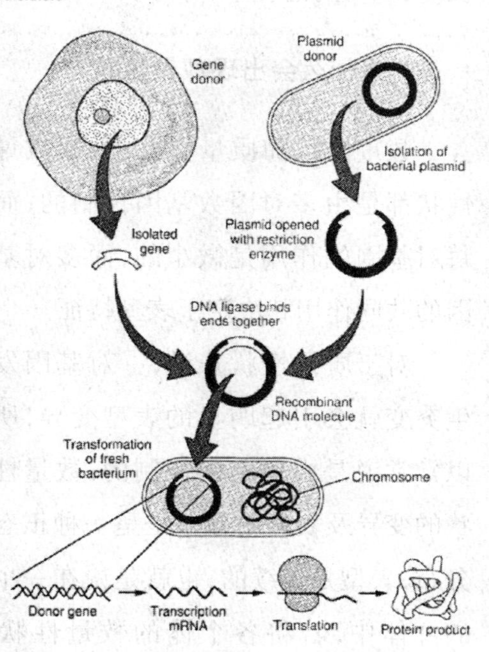

DNA 重组示意图，基因工程也从转座因子中得到启发。

http://www.cliffsnotes.com/WileyCDA/CliffsReviewTopic/Recombinant-DNA-and-Biotechnology.topicArticleId-8524,articleId-8439.html

数量遗传

什么数量性状？

前面所谈到的一些生物的性状基本上都是质量性状，而在自然界中还

广泛地存在另一类性状叫做数量性状。如人类的身高、体重、肤色的深浅、智商等;植物的茎秆高矮,籽粒的重量,种皮的颜色等开花期,棉花纤维的长度,奶牛的泌乳量,等等。

为什么会出现数量性状?

数量性状和质量性状不同,数量性状都是由多对因数基因控制的,而每对基因的作用是微小的,而多对基因的共同作用就决定了表型特征。

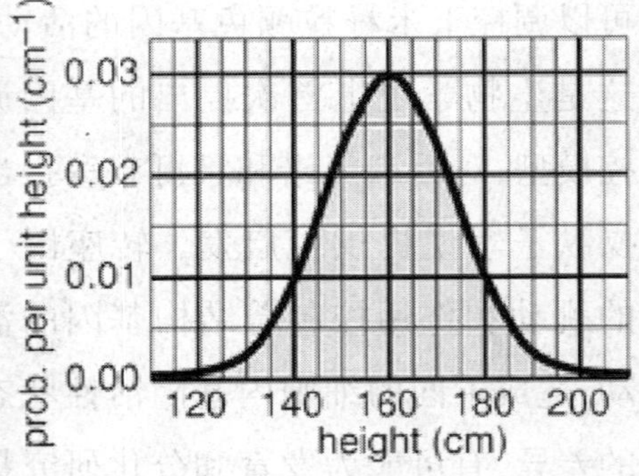

人类身高性状是数量遗传,正态分布图

http://www.lightandmatter.com/html_books/6mr/ch02/ch02.html

对于质量性状来说,一对基因发生突变就会引起明显的表型变异,所以常常说是由单基因控制的;数量性状的变异及表型的分布是呈一种正态分布,表型是连续的,也就是说在一个的群体中,若将各个体的数量性状(如体重)及占群体中的比率作图,可以呈现一正态分布曲线由低向高逐个排列,相邻个体之间的身长差异很小,变异呈连续分布,不像质量性状,以不连续的二项分布。如白化症患者和正常人之间界限分明,并不存在各种中间状态。

白化病这种性状属于质量性状

http://www.humanillnesses.com/original/A－As/Albinism.html

多基因性状受环境的影响较大,就以身长体重来说便和营养状况直接相关,而质量性状有的也受到内外环境的影响,但影响较小或不爱影响,如血型,一旦基因型确定之后不论环境如何改变,血型都是不变的。

如何研究数量性状?

数量性状由于是多对基因作用的结果,每对基因的作用是符合孟德尔法的,但多对基因作用的累加使得遗传的规律变得十分复杂,不再符合孟德法则,而必须用统计学的方法来加以研究。

	AB	Ab	aB	ab
AB	AA BB	AA Bb	Aa BB	Aa Bb
Ab	AA Bb	AA bb	Aa Bb	Aa bb
aB	Aa BB	Aa Bb	aa BB	aa Bb
ab	Aa Bb	Aa bb	aa Bb	aa bb

AA BB
AA Bb
Aa Bb
Aa bb
aa bb

数量性状有关的图(眼睛颜色)

http://campus.queens.edu/faculty/jannr/bio103/helpPages/c10gene.htm

数量性状的“量”常常是可以用一定的方法来量度,如身长、体重、智商等,而质量性状的“质”常不易度量,只能定性,如血型等。数量性状常用统计学方法来加研究,所以研究的对象是群体,对于个体来说就难以确定;而质量性状既可以通过统计来观察他们是否符合孟德尔定律,同时也可以通过基因突变的检测来确定一个个体是否属于正常,是杂合体还是突变体。

豌豆茎长短是数量性状

http://nitro.biosci.arizona.edu/courses/EEB195 - 2007/Lecture02/Lecture02.html

孟德尔在进行豌豆杂交实验时十分注重研究的性状,选择那些特征明显而稳定的性状,如花的颜色、子叶的颜色等,舍弃那些不易区分和不稳定的性状,如叶片的形态和数量等,他所选择的性状实际上是质量性状,而舍弃的是数量情况,从而使得他清晰地发现了基本遗传规律。

生命科学

遗传规律与生物统计学以及其他数学分支结合起来，解释数量性状的遗传规律和生物发展的规律，丰富和充实了遗传学和进化论。

玉米穗长实验

玉米是遗传学和细胞学常用的实验材料，穗长是其性状之一，1913 年 Rollins · Emerson 和 E · East 报导了他们对玉米穗长的研究结果，他们将甜玉米（平均穗长 6.63cm）和爆玉米（平均穗长为 16.80cm）进行杂交，这两种玉米各自的穗长变异都不大，平均长度各为 6.63cm 和 16.80cm，杂交结果 F1 代的平均长度为 12.12cm，处于两亲本长度的平均值之间。亲本是纯种，我们可以假设控制的长度的基因是纯合的，所有两亲本的穗长差异一定是遗传的差异。而 F1 是杂合体，但基因型相同，那么穗长的差异一定由于环境的差异所引起。

长短不一的玉米穗长

http://vasatwiki.icrisat.org/index.php/Maize_image

F2 代的平均长度是 12.89，和 F1 代大致相似，但 F2 代的变异范围比 F1 要大得多，它们的标准差 s 就可在显示这个问题。长穗的 s = 0.816；短穗的 s = 1.887，F1 的 s = 1.519 而 F2 的 s = 2.25，这些数据表明 F2 的变异范围最大。

这是什么原因引起的呢？比较合理的解释是 F2 中存在着更大的遗传变异。

血型遗传

血型是以血液抗原形式表现出来的一种遗传性状。狭义地讲，血型专指红细胞抗原在个体间的差异；但现已知道除红细胞外，在白细胞、血小板乃至某些血浆蛋白，个体之间也存在着抗原差异。因此，广义的血型应包括血液各成分的抗原在个体间出现的差异。通常人们对血型的了解往往仅局限于 ABO 血型以及输血问题等方面，实际上，血型在人类学、遗传学、法医学、临床医学等学科都有广泛的实用价值，因此具有着重要的理论和实践意义。

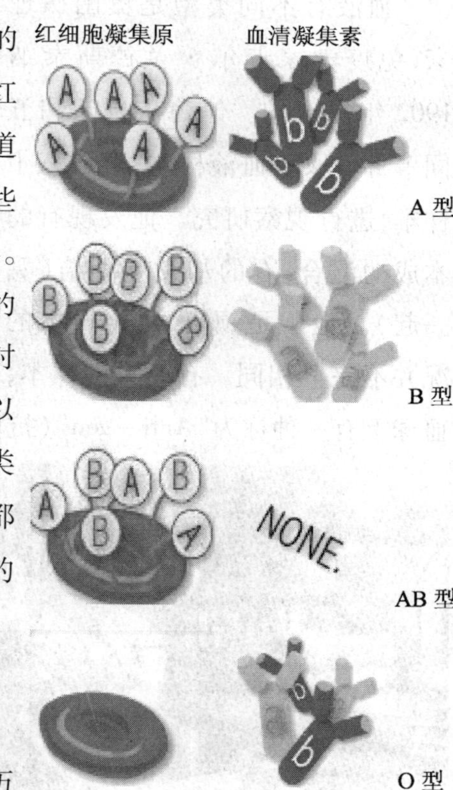

ABO 血型系统

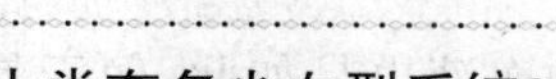

人类有多少血型系统？

人类血型的发现已有 100 年的历史。上世纪初维也纳大学的卡尔·兰德斯泰纳就发现了人类 ABO 血型系统，从此各国学者开始了血型研究。100 年来，相继发现血液中各种血液成分都存在各自的型别。A、B、O、AB 血型是对红细胞上的 ABO 系统而言，其实红细胞上还有 Rh、MN、P 等 20 多个血型系统。此外，血液中的白细胞、血小板、血清蛋白、红细胞酶等各种血液成分都有自己的血型。目前发现的血型抗原已有 600 多种。除了同卵双生子外，在人群中很难找到两个血型完全相同的人。

ABO 血型系统的发现

血液中的白细胞中也有自己的血型

血液有不同类型是奥国病理学家、免疫学家卡尔·兰德斯泰纳在1902年提出的。他曾从自己和五位同事身上取得血液样本,合成三十个样本,进行观察研究。他发现有的样本成功混合,有的却发生凝结(黏在一起)。他于是领悟,每个样本的情况并不完全相同。有两人的样本,红血球上有一种称为"Anti - gen"(抗原)的物质,他于是以"A"作标记;另外两人的样本,另有一种抗原,他依字母顺序,以"B"作标记;只有一人的样本,A 抗原和 B 抗原都没有,但血清中却有两种抗体,他自己的血液也是如此,他于是以"O"(表示无抗原)作标记。后来,他发现有一群人的血液,既有 A 抗原,也有 B 抗原,他便叫它做 AB 型。

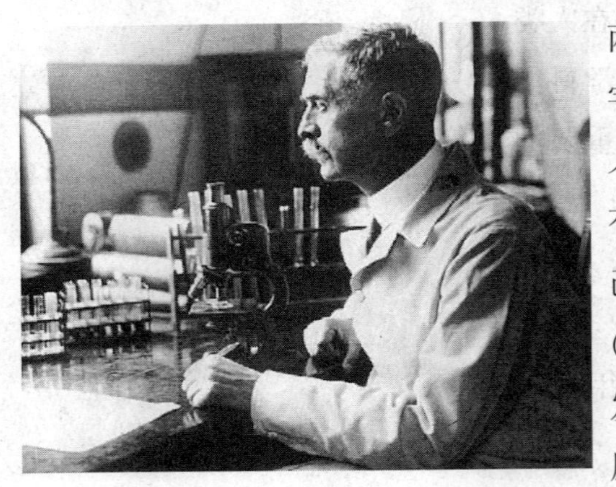

血型发现者——卡尔·兰德斯泰纳

http://aeiou. iicm. tugraz. at/aeiou. encyclop. l/l160000. htm; internal&action = _setlanguage. action? LANGUAGE = en

从此,血液便分为 A 型、B 型、AB 型和 O 型。1930 年兰德斯泰纳因为发现 ABO 血型获诺贝尔医学奖。

人类最早的血型是 O 型,然后才出现了 A,之后是 B,最后是 AB 型。从 O 型血到 AB 型血之间经历了上百万年之久。

ABO 血型系统如何进化而来的?

我们的 4 种血型——O 型、A 型、B 型和 AB 型——并不是在所有的人身上同时出现,而是由于不断进化和人们在不同气候地区定居下来后逐渐形成。在寒冷的年代,由于草原上可供吃用的东西匮乏,游牧部落不得不去适应新地形所能提供的新食物。由于新的饮食结构出现,人的消化系统和免疫系统也会随之有所变化,紧接着血型也会有所变化。

O 型血最早起源于尼安德特人

http://www.lbl.gov/Science - Articles/Archive/Genomics - Neanderthal.html

O 型血的历史最为悠久。它大约出现于公元前 6 万至 4 万年之间,当时的尼安德特人吃的是简单的饭食:野草、昆虫和从树上掉下来猛兽吃剩下的果实。而 4 万年前出现了克鲁马依人,他们以狩猎为生。在猎光了所有的大野兽后,他们从非洲向欧洲和亚洲转移。

虫和从树上掉下来猛兽吃剩下的果实。而 4 万年前出现了克鲁马依人,他们以狩猎为生。在猎光了所有的大野兽后,他们从非洲向欧洲和亚洲转移。

A 型血检测结果

baike.baidu.com/view/521.html? tp = 1_01

A 型血出现在公元前 2.5 万年至

1.5 万年之间。当时，我们的以果实为生的祖先逐渐变成杂食。随着时间的推移，农耕成为住在现今欧洲土地上的人们的主要生产方式，野禽野兽开始接受驯养，人的饮食结构随之发生变化。就是现在，绝大多数 A 型血的人都居住在西欧和日本。

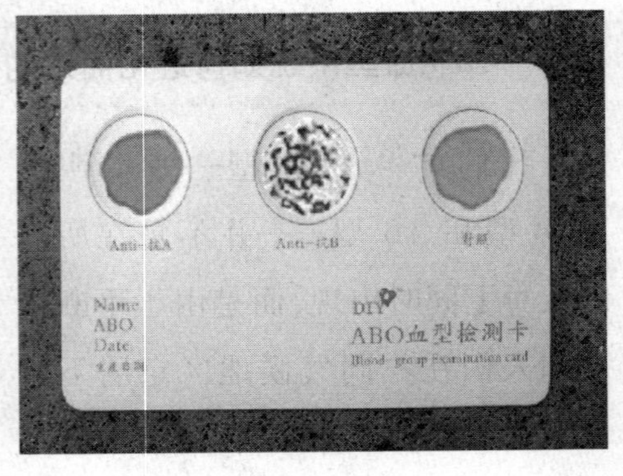

B 型血检测结果

B 型血出现在约公元前 1.5 万年至新纪元之间。当时东非的一部分人被迫从热带稀树干草原迁徙到寒冷而贫瘠的喜马拉雅山一带。气候的变化便成了催生 B 型血的主要因素。这种血型一开始出现在蒙古人种身上，随着他们后来不断向欧洲大陆迁徙，结果今天有很多东欧人都是这个血型。

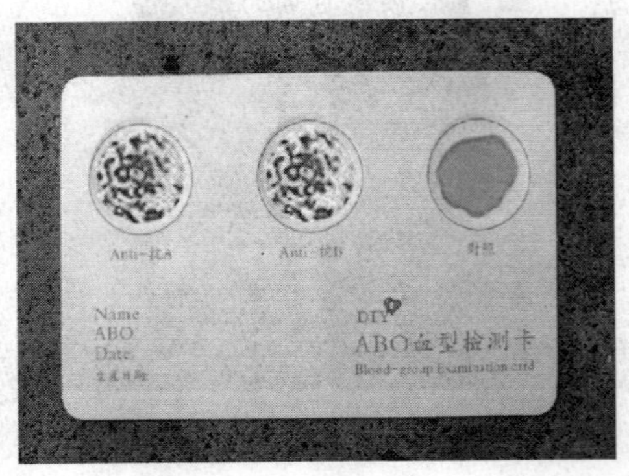

AB 型血检测结果

人体的 4 种血型中最后出现的为 AB 型，它的出现还不到 1000 年的时间，是“携带”A 型血的印欧语民族和“携带”B 型血的蒙古人混杂在一起后的产物。AB 血型的人继承了耐病的能力，他们的免疫系统更能抵抗细菌，但他们易患恶性肿瘤。

很快会出现第 5 种血型。完全有可能出现一种新血型，比如说 C 型。只有这种有新血型的人才能在人口过于稠密、自然资源所剩无几的

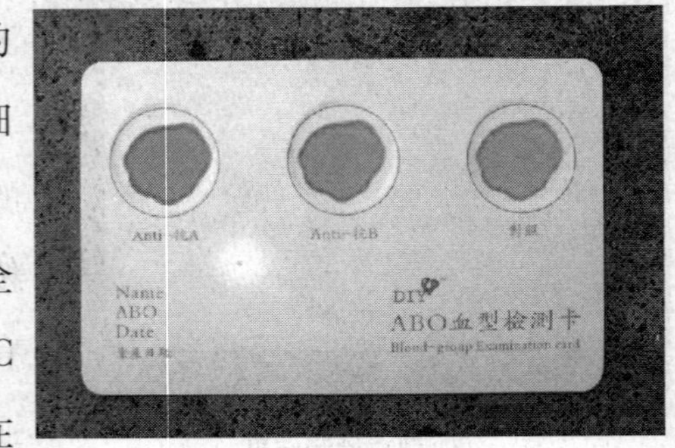

O 型血检测结果

严重污染世界上生存下来,因为这时原先那 4 种血型,也就是说,有好几十亿甚至上百亿的人将抵挡不住这种日益加剧的生态灾难,他们会很快消失。这就是皮特·达达莫博士得出的结论!

人类各血型比例多少?

不同国家和地区之间各血型比例差异比较大,就我国而言,各血型比例为如下,A 型血型:28%,B 型血型:24%,O 型血型:41%,AB 型血型:7%

但是不同地区血型比例有所差异。ABO 血型在中国的分布特点为:从北向西南方向,“B”基因频率逐渐下降,而“O”基因频率升高;云、贵、川和长江中下游地区“A”基因频率升高,两广、福建、台湾的“O”基因频率较其他地区高。

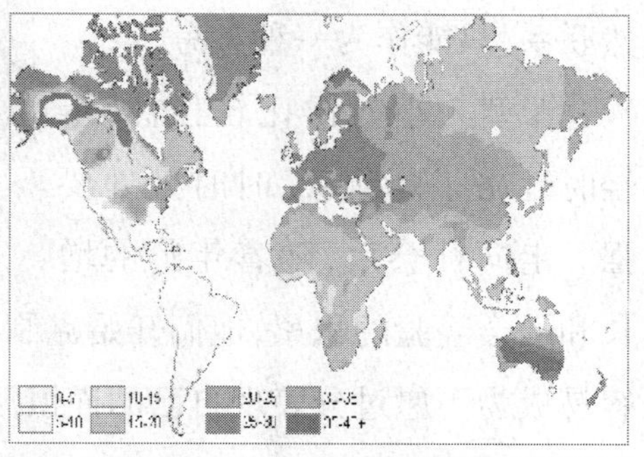

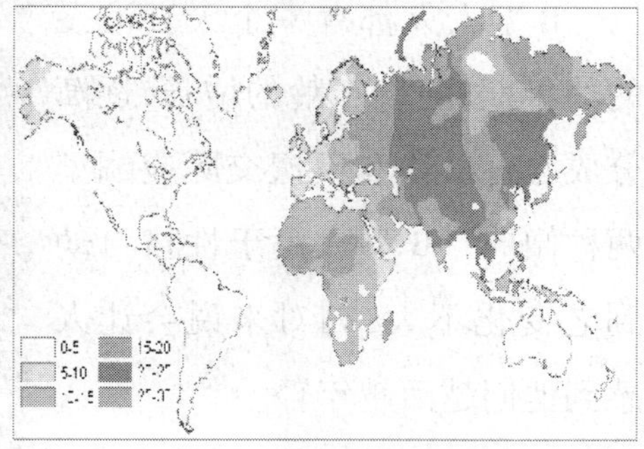

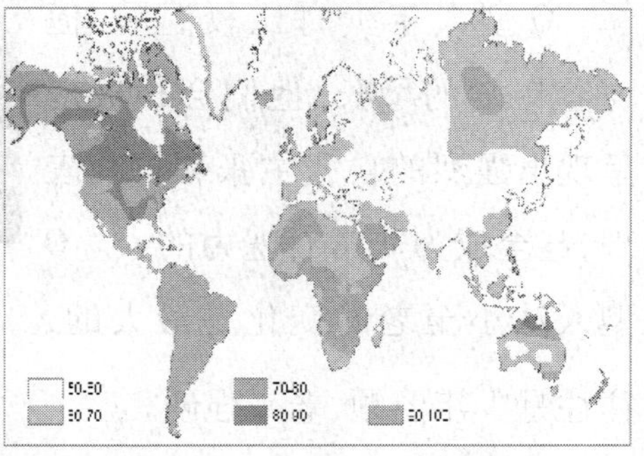

上图 A 型血中图 B 型血下图 O 型血分布图(颜色越深,所占比例越大)

血型与性格有关吗?

日本的学者经过多年研究,认为血型有其有形物质和无形气质两方面的作用。气质是无形成分,血型的气质表现,就是这类血型的人特定的思维方式、行为举止、谈吐风度等,是生物遗传的结果。

各种血型的性格在幼儿期、少年期、青春期、中年期、老年期各有不同。在这种变化中,可以看到不同血型的许多特征。当然,血型与性格之间也并不是必然联系,只能作为一种参考。

血型与性格有关

junni. wordpress. com/2007/11/23/nomis – legacy/

A 型人小时候比较任性,年轻时性格果断刚毅,时时处处要强。走向社会后,随着年龄的增长和社会经验的积累,他们开始克制自己的情绪,表现出稳重谦虚的态度,容易成为不愿过分表现自己的谨慎派。A 型人在老年时,则显得很固执。

B 型人大都有一个天真浪漫的幼年期,随着年龄的增长,逐渐分成心直口快和不擅交际应酬型两种倾向。B 型人由于性格自幼到老变化不大,相对来说会让人感到他们越活越年轻。

Rh 血型最早在恒河猴身上发现而得名

O 型人年少时比较温顺,但随着年龄的增长,他们会积极地呈现出强烈的自我主张和自我表现,甚至成为非常有魄力的人。O 型人从小至老的变化是最大的,往往是少年温顺,老来强硬。

AB 型人大多小时候怕陌生人,很闭塞,但长大以后善交朋友,交际广泛。AB 型人因过于自信,容易自满,老年时给人感觉很傲慢。

什么是 Rh 血型?

Rh 是恒河猴(Rhesus Macacus)外文名称的头两个字母。兰德斯泰纳等科学家在 1940 年做动物实验时,发现恒河猴和多数人体内的红细胞上存在 Rh 血型的抗原物质,故而命名的。凡是人体血液红细胞上有 Rh 抗原(又称 D 抗原)的,称为 Rh 阳性。这样就使已发现的红细胞 A、B、O 及 AB 四种血型的人,又都分别一分为二地被划分为 Rh 阳性和阴性两种。

Rh 阴性血由于稀少称为"熊猫血"

www.97sc.com/xmjdtuku/18_51_52_61.shtml

随着对 Rh 血型的不断研究,认为 Rh 血型系统可能是红细胞血型中最为复杂的一个血型系。Rh 血型的发现,对更加科学地指导输血工作和进一步提高新生儿溶血病的实验诊断和维护母婴健康,都有非常重要的作用。

Rh 阴性血为什么非常稀少?

根据有关资料介绍,Rh 阳性血型在我国汉族及大多数民族人中约占 99.7%,个别少数民族约为 90%。在国外的一些民族中,Rh 阳性血型的人约为 85%,其中在欧美白种人中,Rh 阴性血型人约占 15%

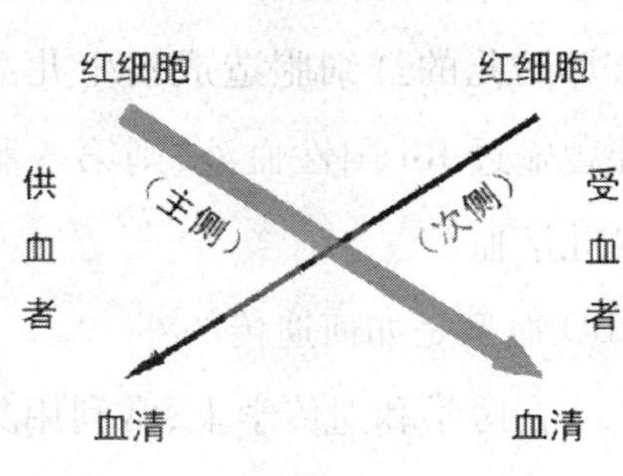

交叉配血示意图

http://www.kao114.cn/lczys/zhidao/20066314.html

在我国,RH 阴性血型只占千分之三到四。RH 阴性 A 型、B 型、O 型、AB 型的比例是 3:3:3:1,从中我们发现 AB 型的 Rh 阴性血是最少的。

献血时为什么还要验 Rh 血型呢?

Rh 阴性者不能接受 Rh 阳性者血液,因为 Rh 阳性血液中的抗原将刺激 Rh 阴性人体产生 Rh 抗体。如果再次输入 Rh 阳性血液,即可导致溶血性输血反应。但是,Rh 阳性者可以接受 Rh 阴性者的血液。如 Rh 阴性妇女曾孕育过 Rh 阳性胎儿,当输入 Rh 阳性血时亦可发生溶血反应。所以需要输血的患者和供血者,除检查 ABO 血型外,还应做 Rh 血型鉴定,以避免这种情况的发生。

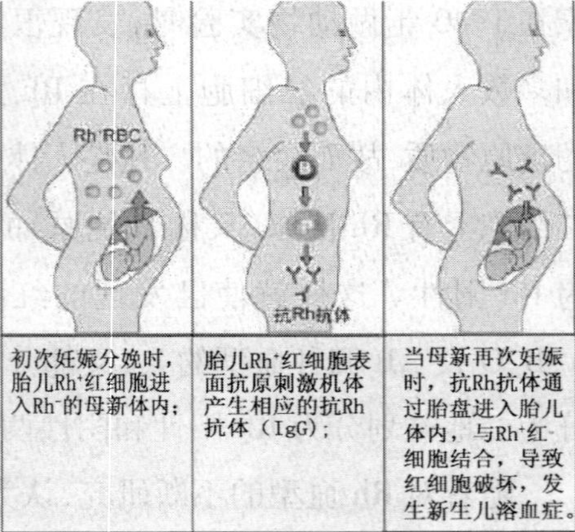

Rh 阴性的母亲孕育了 Rh 阳性的胎儿后,胎儿的红细胞若有一定数量进入母体时,即可刺激母体产生抗 Rh 阳性抗体,如母亲再次怀孕生第二胎时,此种抗体便可通过胎盘,溶解破坏胎儿的红细胞造成新生儿溶血。若孕妇原曾输过 Rh 阳性血液,则第一胎即可发生新生儿溶血。

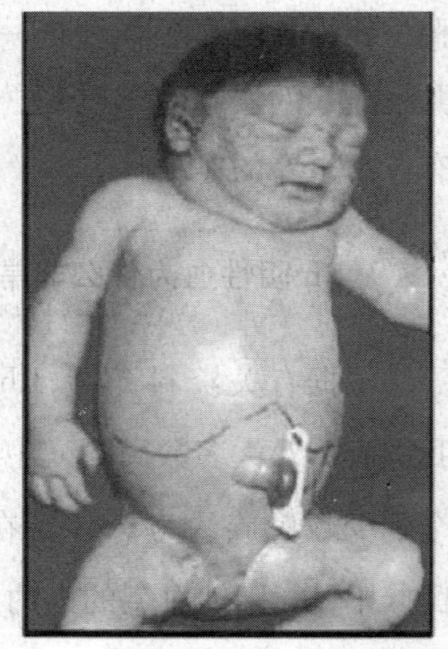

新生儿溶血症原因和症状

jpkc. yzu. edu. cn/course/yxmyx/chapter11/11_3. htm

ABO 血型是如何遗传的?

在医学和遗传学上,常利用父母的血型来推断子女血型,如父母双方均为 O 型,其子女必为 O 型血而不可能出现别的血型。又如父

母一方为O型,另一方为B型,其子女可为B型或O型。但有时就难以判断,例如父母中一方为A型,另一方为B型,子女中就可以出现四种血型中任何一种类型。这是怎么回事呢?

原来控制ABO血型是一对有三种等位:i,A及B的基因。这些基因控制一种改变红血球表面抗原的酵素,它们是在第九对染色体上。

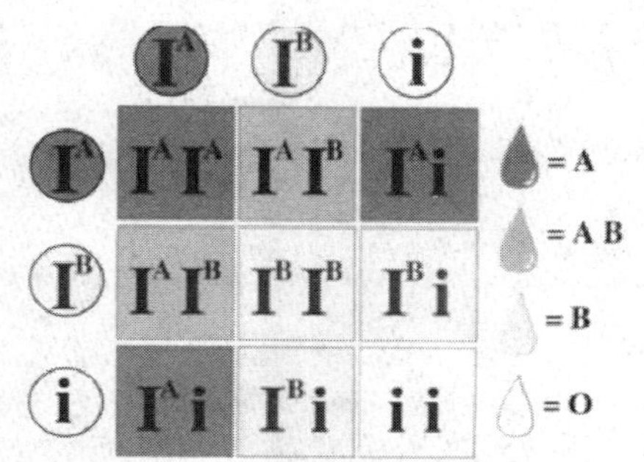

ABO血型遗传示意图

nj-yhml.cn/zgrxxbl.htm

A等位基因会产A型血,B等位基因会产B型血,i等位基因会产O型血。基因型为ii的人会是O型,AA或Ai都是A型,BB或Bi都是B型。AB表现型的人其实是A、B两种等位基因都有。

在父母的性原细胞进行减数分裂的时候,控制血型的等位基因会分离,如AA的只产生含A基因精子与卵细胞,Ai的会产生含A或i的精子与卵细胞。

如果父亲为A型,母亲为B型,他们的基因型分别可能是AA或Ai,BB或Bi,若父母基因型是其中的AA和BB,他们的子女只能是AB血型,如果他们是Ai和Bi,则后代四种血型都可能了。

遗传中的变异

生物变异

子代与亲代不一样都是变异吗?

俗话说:“一猪生九仔,连母十个样”,说的就是遗传中的变异现象,猪的后代还是猪,但是在外观上存在或多或少的差异,不可能一模一样,就是双胞胎也会有微小的差异。“世界上没有两片完全相同的叶子”也说明变异具有普遍性的。

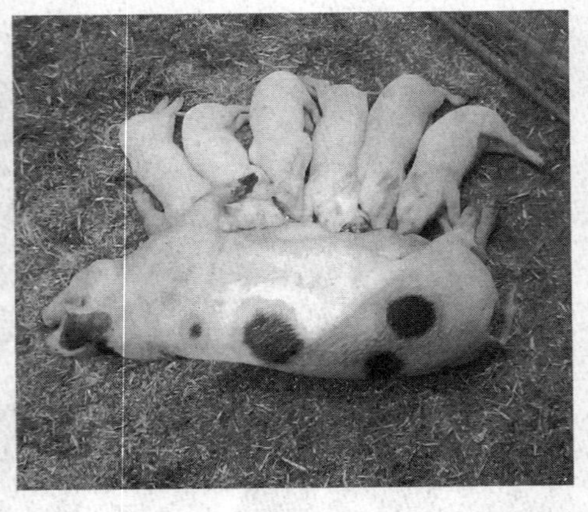

猪仔与母猪外观表现不完全一样,这种差异就是变异。

http://picasaweb.google.com/lh/photo/6-sLtKfAPO7aDB9ZrPUAhw

现在我们知道了在丰富多彩的生物界中,蕴含着形形色色的变异现象。在这些变异现象中,有的仅仅是由于环境因素的影响造成的,并没有引起生物体内的遗传物质的变化,因而不能够遗传下去,属于不遗传的变异。有的变异现象是由于生殖细胞内的遗传物质的改变引起的,因而能够遗传给后代,属于可遗传的变异。

动物变异——白化袋鼠

tech.big5.enorth.com.cn/.../003144789_01.shtml

生物可遗传变异怎么产生的?

生物的特征之一是繁殖,繁殖是以细胞分裂为基础的。亲代细胞将自己的DNA(或RNA)完整的传给后代,形成与自己相似的后代个体，这个过程就是遗传。如果DNA复制过程准确无误，子代的DNA与亲代的DNA完全相同，子代个体将与亲代个体的遗传信息将一模一样，但实际上在DNA复制时，往往会出现误差。同时在有性生殖过程中，子代的遗传物质来自双亲，将双亲的遗传物质重新组合成子代的遗传物质时，会出现随机的差别，而使子代不仅与亲代不尽相同，子代个体之间也就存在差异了。

矮秆抗倒伏玉米（右）

www. friendlyacres. sk. ca/var. html

生物的可遗传的变异有三种来源：基因突变，基因重组，染色体变异。

生物变异有利还是不利的？

对于某种生物来说，有的变异有利于它的生存，叫做有利变异。例如，小麦中出现矮秆、抗倒伏的变异，这就是有利变异。有的变异不利于它的生存，叫做不利变异。例如玉米有时会出现白化苗，这样的幼苗没有叶绿素，不能进行光合作用，会过早死亡，这就是不利变异。

玉米白化苗

http://bbs. 5460. net/ss - xs/? 3467321/viewspace - 773870

但生物的变异有利变异还是不利变异，是相对而言的。例如短腿安康羊，由于腿短，它跳不过羊圈篱笆，故而易于圈养，这样的变异对于农场主来说是有利的。但如果是在野生环境中，安康羊由于腿短而跑不快，在躲避敌害的过程中明显处于劣势，这样

的变异就是不利的了。

生物变异有什么生物学意义？

生物繁衍过程中能够产生变异，其中只有少数有利变异，而且还能遗传，不利的变异很快就被淘汰。正是由于有利变异的积累为生物进化奠定了基础，才有了我们这个丰富多彩的世界。

安康羊

http://www.zszx.info/imagematerial/view.asp? id = 34128

变异是不定向的，有害变异在自然选择中消失，而有利变异保留，生物的进化就是有利变异的积累。地球上的环境是复杂多样、不断变化的，生物如果不能产生变异，就不能适应不断变化的环境，没有基因的变异，生物就没有变化，变得“千篇一律”，也就无法适应环境的变迁，从而灭亡。

如果没有能遗传的变异，就不会产生新的生物类型。生物也就不能由简单到复杂，由低等到高等地不断进化。由此可见，变异为生物进化提供了原始材料。

基因突变

什么是基因突变？

基因突变是由于基因中发生碱基对的增添、缺失或改变，而引起的基因结构的改变，就叫做基因突变。按照基因结构改变的类型，突变可分为碱基置换、移码、缺失和插入4种。

1. 碱基置换:某位点一对碱基改变造成的。

2. 移码突变:某位点添加或减少1~2对碱基造成的。

3. 缺失突变:基因内部缺失某个DNA小段造成的。

4. 插入突变:基因内部增添一小段外源DNA造成的。

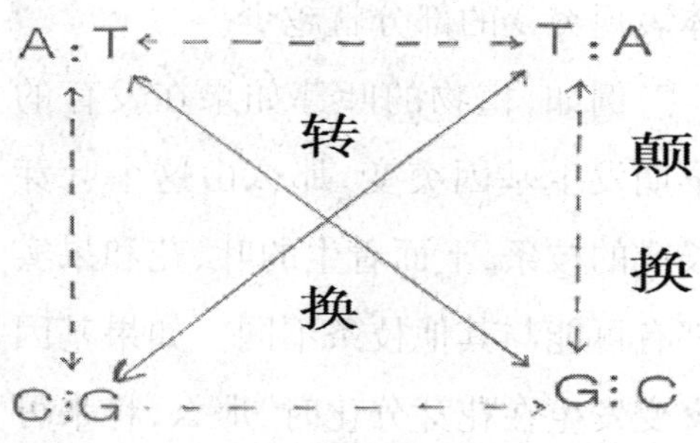

碱基置换示意图

http://courseware.ecnudec.com/zsb/zsw/zsw04/zsw067/zsw06702/zsw067020.htm

基因突变使一个基因变成它的等位基因,并且通常会引起一定的表现型变化。例如,小麦从高秆变成矮秆,普通羊群中出现了短腿的安康羊等,都是基因突变的结果。

基因突变在生物进化中具有重要意义,它是生物变异的根本来源,为生物进化提供了最初的原材料。

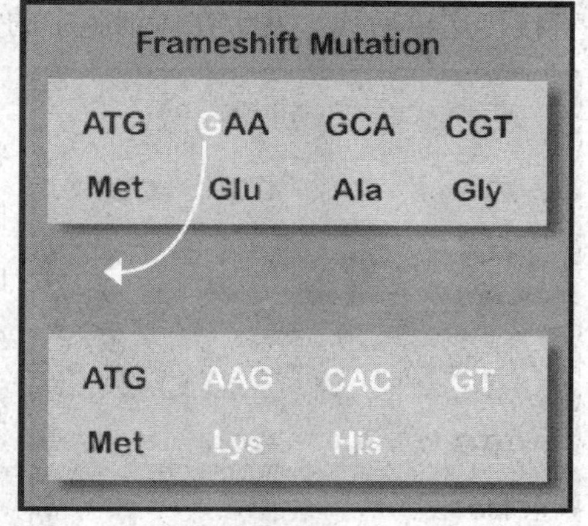

移码突变示意图

http://members.cox.net/amgough/Fanconi-ge

基因突变有什么特点?

第一,基因突变在生物界中是普遍存在的。无论是低等生物,还是高等的动植物以及人,都可能发生基因突变。基因突变在自然界的特种中广泛存在。

例如,棉花的短果枝,水稻的矮秆、糯性,果蝇的白眼、残翅,家鸽羽毛的灰红色,以及人的色盲、糖尿病、白化病等遗传病,都是突变性状。

第二,基因突变是随机发生的。它可以发生在生物个体发育的任何时期。一般来说,在生物个体发育的过程中,基因突变发生的时期越迟,生物

体表现突变的部分就越少。

例如，植物的叶芽如果在发育的早期发生基因突变，那么由这个叶芽长成的枝条，上面着生的叶、花和果实都有可能与其他枝条不同。如果基因突变发生在花芽分化时，那么，将来可能只在一朵花或一个花序上表现出变异。

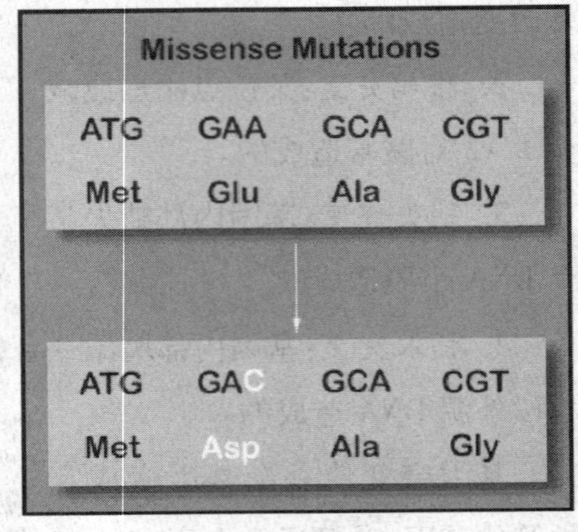

缺失突变示意图

http://members.cox.net/amgough/Fanconi－ge

基因突变可以发生在体细胞中，也可以发生在生殖细胞中。发生在生殖细胞中的突变，可以通过受精作用直接传递给后代。发生在体细胞中的突变，一般是不能传递给后代的。

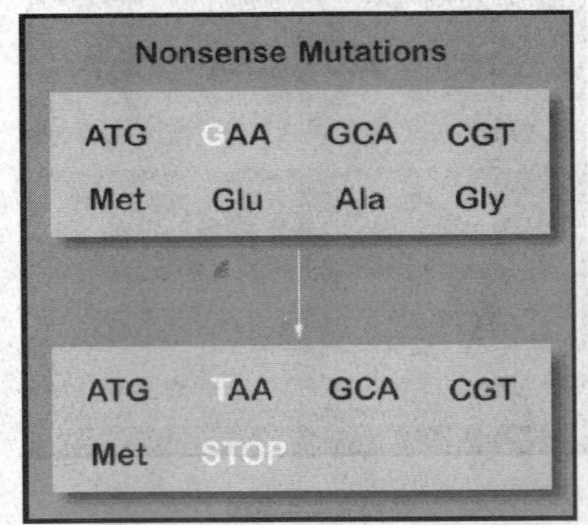

无意突变示意图

http://members.cox.net/amgough/Fanconi－ge

第三，在自然状态下，对一种生物来说，基因突变的频率是很低的。据估计，在高等生物中，约105到108个生殖细胞中，才会有1个生殖细胞发生基因突变，突变率是10－5到10－8。

第四，在多数基因突变对生物体是有害的。由于任何一物都是长期进化过程的产物，它们与环境条件已经取得了高度的协调。如果发生基因突变，就有可能破坏这种协调关系。因此，基因突变对于生物的生存往往是有害的。

例如，绝大多数的人类遗传病，就是由基因突变造成的，这些病对人类健康构成了严重威胁。又如，植物中常见的白化苗，也是基因突变形成的。这种苗由于缺乏叶绿素，不能进行光合作用制造有机物，最终导致死亡。但是，也有少数基因突变是有利的。例如，植物的抗病性突变、耐旱性突变、微生物的抗药性突变等，都是有利于生物生存的。

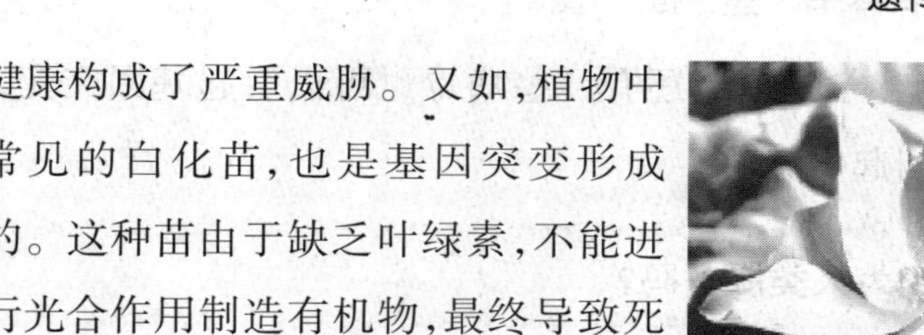

变异如果发生在芽苞，则该花朵会变异而其它花朵不受影响。

www. zj. xinhuanet. com/.../25/content_10677506. htm

第五，基因突变是不定向的。一个基因可以向不同的方向发生突变，产生一个以上的等位基因。例如，控制小鼠毛色的灰色基因可以突变成黄色基因，也可以突变成黑色基因。

是什么原因引起基因突变？

基因突变包括自然突变和诱发突变两大类。自然突变是在自然中发生的，不存在人类的干扰。

由于自发突变的频率是很低的，人类就使用各种诱变因素，使突变频率提高，常用的两类诱变剂是放射线和化学物质。

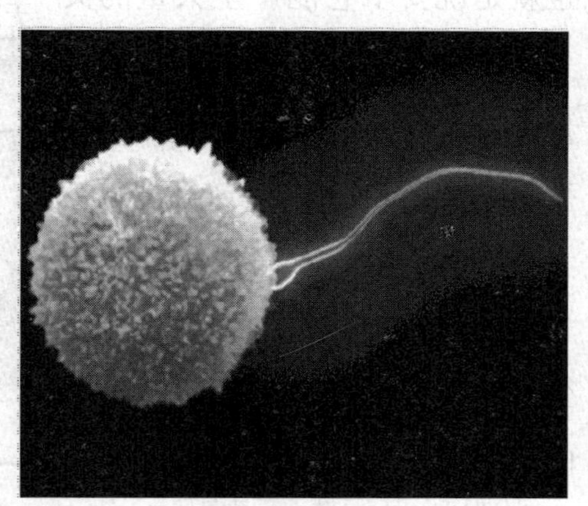

如果卵细胞或镜子发生基因突变会遗传给下一代。

www. 91sqs. com/viewnews - 26865

目前常用的诱变方法有两种：其一是用各种射线照射动物或微生物，包括 X 射线、中子、紫外线、γ 射线或者激光照射，使生物发生基因突变，这种方法称为物理诱变。其二是运用秋水仙素、硫酸二乙酯等化学药剂处理生物，也能诱发基因突变，得到生物

变异类型,这种方法称为化学诱变。还有一些病毒也可以引起基因突变,如劳斯鸡肉瘤病毒可以引起癌突变。

可以利用基因突变为人类服务吗?

诱变育种:通过诱发使生物产生大量而多样的基因突变,从而可以根据需要选育出优良品种,这是基因突变的有用的方面。在化学诱变剂发现以前,植物育种工作主要采用辐射作为诱变剂;化学诱变剂发现以后,诱变手段便大大地增加了。在微生物的诱变育种工作中,由于容易在短时间中处理大量的个体,所以一般只是要求诱变剂作用强,也就是说要求它能产生大量的突变。对于难以在短时间内处理大量个体的高等植物来讲,则要求诱变剂的作用较强,效率较高并较为专一。所谓效率较高便是产生更多的基因突变和较少的染色体畸变。所谓专一便是产生特定类型的突变型。

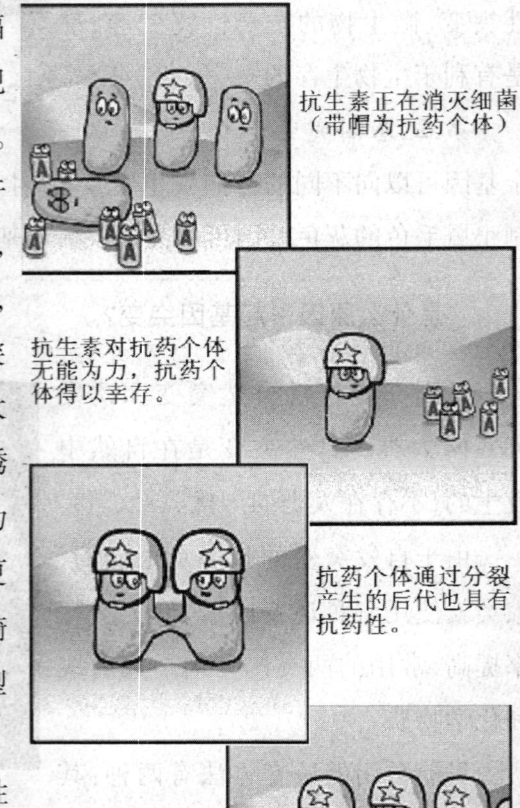

微生物抗药性是基因突变的结果

害虫防治:用诱变剂处理雄性害虫使之发生致死的或条件致死的突变,然后释放这些雄性害虫,便能使它们和野生的雄性昆虫相竞争而产生致死的或不育的子代。

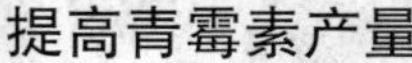

提高青霉素产量

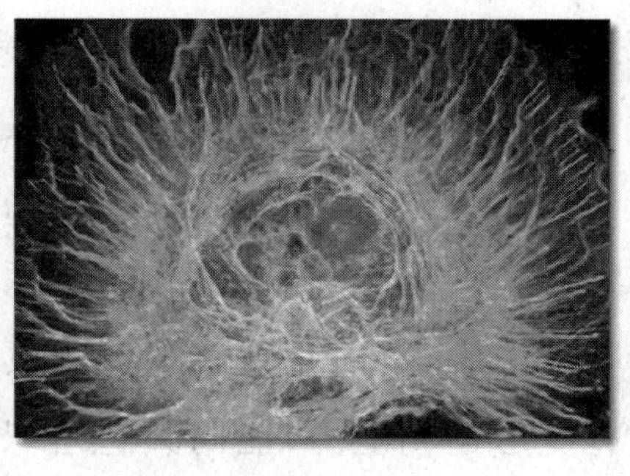

劳斯鸡肉瘤病毒能够引起基因突变

http://www.microscopyu.com/galleries/fluorescence/cells/cv1/cv1.html

最早的青霉素分泌的青霉素很少，产量只有20单位/mL，后来经过科学工作者多次对青霉素进行X射线、紫外线照射及综合处理，终于培育出青霉素的高产菌株，目前青霉素的产量已达到20000单位/mL以上。

癌症是由基因突变引起的吗？

经过航天育种的辣椒

细胞分裂或细胞增殖是普遍发生在许多组织的一个生理过程。通常细胞增殖和细胞凋亡会达到平衡，而且受到严谨地调控以保证器官和组织的完整性。基因的突变导致这些有序的过程受到改变。不受管制而迅速增殖的细胞通常会转变成良性肿瘤或恶性肿瘤。良性肿瘤不会扩散到身体其他部分，或是侵入别的组织，除非肿瘤的生长压迫到重要的器官，否则也不会影响生命。恶性肿瘤就是我们所说的癌，则会侵略其他器官，转移到身体其他部位而危害生命。

癌细胞与正常细胞相比有什么区别？

1. 无限增殖：正常的人体细胞受调控系统控制，分裂到50次后就不再分裂，然后土崩瓦解。而癌细胞不受正常生长调控系统的控制，能无限制

分裂与增殖。

2. 迁移性:细胞粘着和连接相关的成分发生变异或缺失,癌细胞失去细胞间的联结,易于从肿瘤上脱落,而且许多癌细胞具有变形运动能力,能向其它组织迁移。

航天诱变品种矮秆早熟大豆(右)与相对照的大豆品种

scitech. people. com. cn/GB/5063859. html

3. 接触抑制丧失:正常细胞在体外培养时表现为贴壁生长和汇合成单层后停止生长的特点,即接触抑制现象。这种现象在伤口愈合过程中我们就能见到,皮肤割伤部位的细胞会通过分裂增殖使伤口愈合,等愈合后细胞之间相互接触就不再分裂了,所以伤口很平整。而肿瘤细胞即使堆积成群,仍然可以生长。

基因发生什么样的突变才会发生癌症?

癌症生成意味着一连串由 DNA 受损而引发细胞分裂速率失控,导致癌症发生的过程。癌症是基因引起的疾病,当调控细胞生长的基因发生突变或损坏时,使得细胞失去控制,持续的生长及分裂而产生肿瘤。

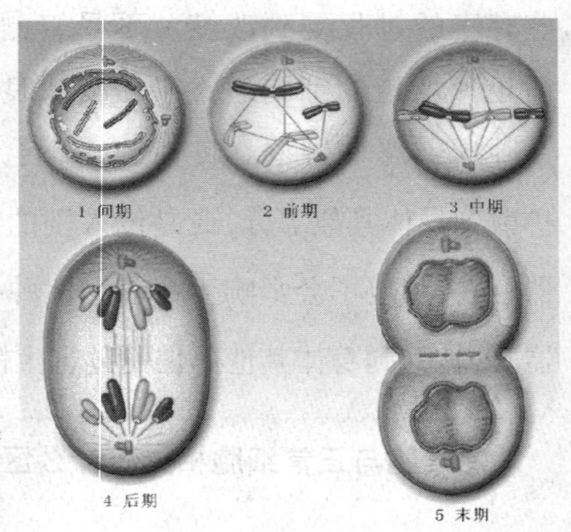

图示细胞有丝分裂过程。动物细胞分裂不超过 50 次,而癌细胞分裂次数不受限制。

调控细胞生长主要有两大类基因,原癌基因主要是一些参与促进细胞成长、进行有丝分裂的基因。抑癌基因则是负责抑制细胞生长或是调控细胞分裂进行。一般而言，需要同时有许多的基因突变存在，才会使一个正常细胞转化成癌细胞。

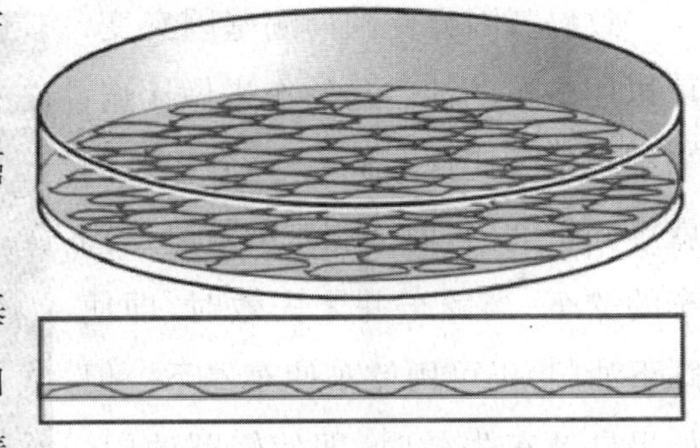

(a)正常细胞培养呈单层贴在壁上，相互接触后不再生长。

原癌基因的突变可能影响基因表现或是功能，导致下游蛋白质的表现或活性改变。这样的情形发生时，原癌基因就转变成为致癌基因，带有致癌基因的细胞则有更高的机率发生异常。因为原癌基因参与调控的细胞的功能十分广泛，包括细胞生长、修复和维持稳态，所以我们也无法将其从染色体中去除来避免癌症发生。

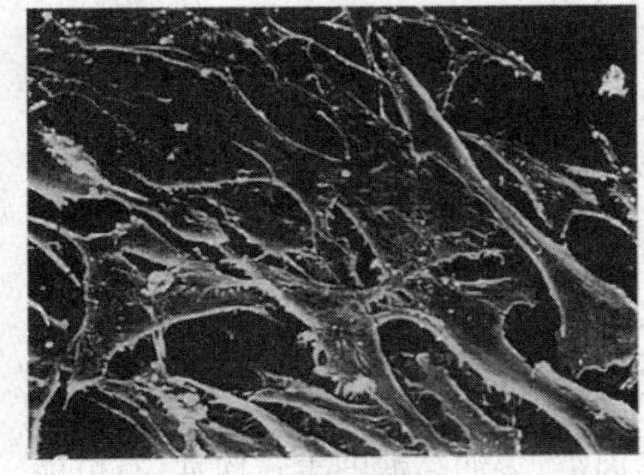

(b)显微镜下的正常细胞正常细胞具有接触抑制现象

突变可能损及活化抑癌基因的机制或是抑癌基因本身，使得抑癌基因“被关掉”，造成修复损伤 DNA 的机制停止。于是 DNA 损伤就持续累积，而不可避免地导致癌症发生。

由于原癌基因转变为致癌基因的突变，会受到有丝分裂过程中的检查机制和抑癌基因抑制。因此一般来说，癌症的发生需要两个前提，第一是原癌基因的突变；第二则是抑癌基因的突变。

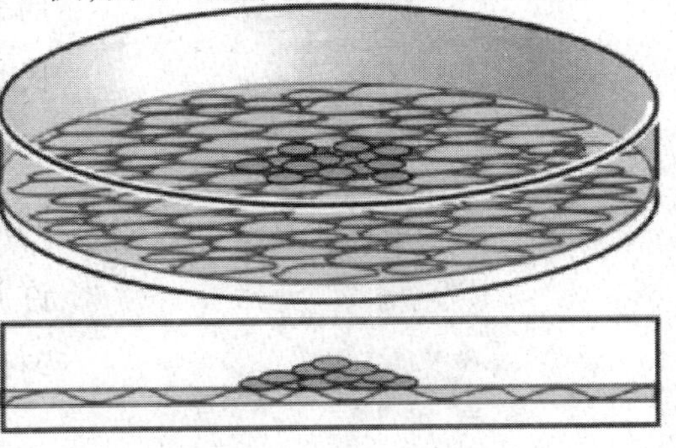

(c)癌细胞培养成团生长，相互接触后还继续分裂

致癌基因突变和抑癌基因突变，可以用汽车的油门与煞车来做比喻：当细胞生长比作一辆汽车，致癌基因就等同于油门，而抑癌基因就是这辆车的煞车，当煞车并未失效时，即使踩下油门，仍可用煞车使车停下。但如果是煞车失效时，即使轻踩油门，车子仍会前进。

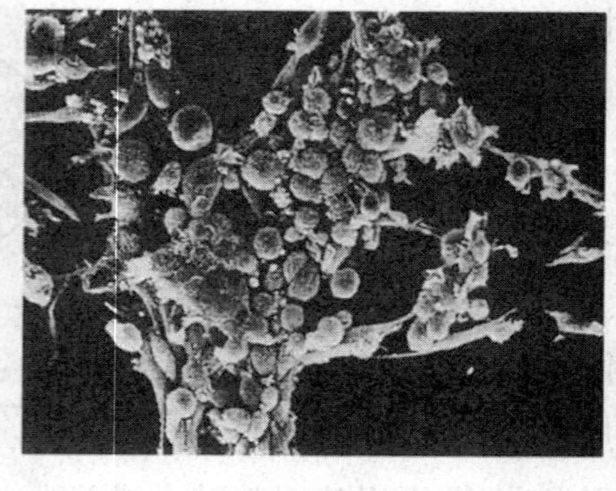

(d) 显微镜下的癌细胞癌细胞的接触抑制丧失

不良生活习惯可以诱发癌症吗？

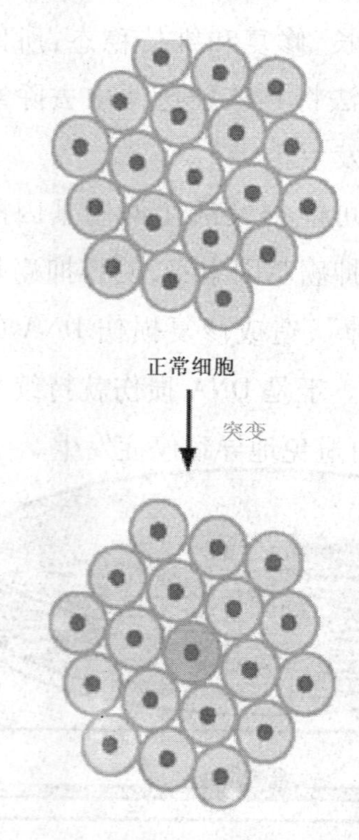

单个细胞突变成癌细胞，但生长受到抑制

饮食习惯与癌症的相关性很早就被研究。而各国间特别的饮食习惯差异，使得不同癌症间的发生率差别很大。例如常吃生食及腌渍食物的日本常见胃癌的发生。饮食习惯主要是煎烤肉类，多油高糖的美式饮食，有可能是美国常见结肠癌的原因。同时也有研究显示，外国移民的确会受到所移民地区的饮食影响，而有产生当地常见癌症的倾向。这样的结果暗示，不同地区的人民发生不同癌症的原因或许并非建立在遗传基础上而是和饮食习惯较为有关。

最近几十年的研究中，最为确定的发现就是抽烟和癌症间密切的相关性，许多流行病学研究也已经证实这样的关系。有数据显示，随着吸烟人数增加，肺癌的死亡率急剧升高。随着近年来广为宣传抽烟对身体的伤害之后，抽烟人口减少，也肺癌死亡率也随之降低。生活方式对于癌症发生确实是有影响，例如香烟、饮食、运动、酒精、晒太阳以及性病等。大部分癌症都与已知的生活和环境因子有关。

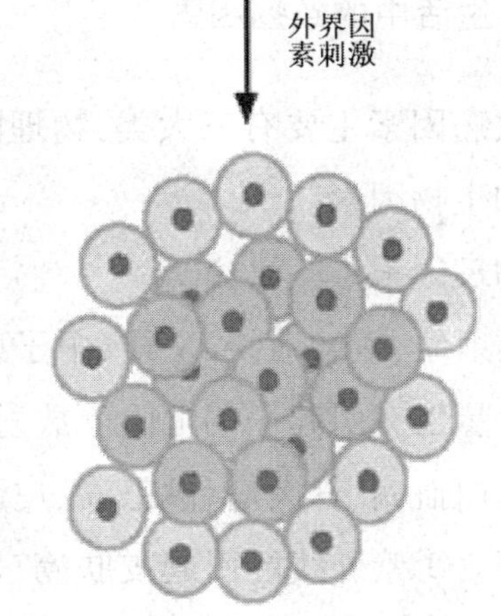

由于外界因素刺激使癌细胞愉速增殖，形成肿瘤。

一个细胞突变成癌细胞不一定就发展成癌症，当有刺激因素刺激后才会诱发它增殖。

同时有越来越多的研究显示，癌症发生也和体内褪黑激素的量相关，当需要长时间待在明亮的环境下，例如晚班的工人，或是睡眠时间较短的人，褪黑激素含量也会偏低，而癌症的发病率较高。

抽烟与癌症发病率存在正相关性

http://lifeinthehealthlane. blogspot. com/2007/08/why - is - smoking - health - issue. html

但是生活方式对于癌症的发生并没有决定性的影响，每个人在基因上的不同，使得每个人对不同物质的反应都不相同。所以并没有所谓绝对健康的生活方式，长寿者中不乏既抽烟又喝酒的，最重要的是生活有规律。即使是癌症病患，只要调整心态，积极配合治疗，保持正常生活，适当补充营养，也有很大的痊愈可能。

生命科学

生活中的致癌因素

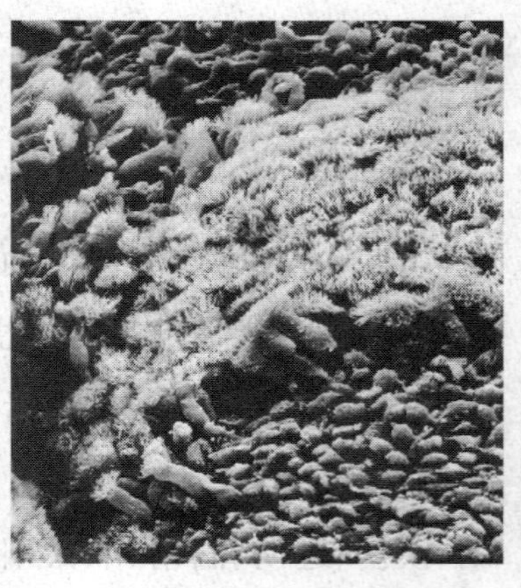

中间是呼吸道纤毛，而周围的纤毛被香烟烟尘破坏了，容易引起肺癌。

致癌因素主要有三大类：物理因素，化学因素和生物因素。

物理因素

放射线：接触射线、X线、中子射线等，即使是少量也有引起癌的危险。放射线引起的癌肿有白血病、骨肉瘤、淋巴瘤、皮肤癌、甲状腺癌等。①紫外线能引起皮肤癌。②长期的热辐射也会引起癌变。

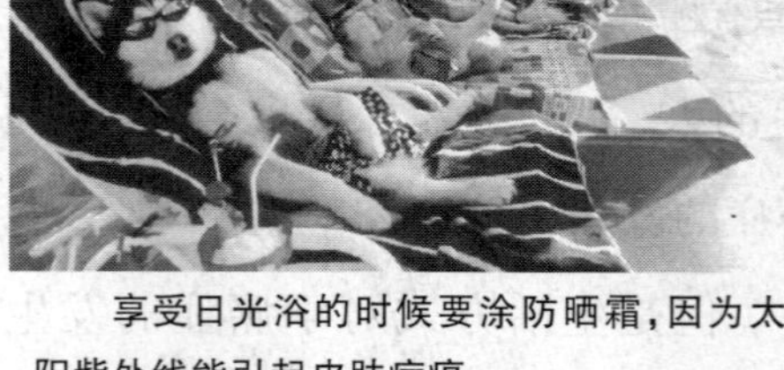

享受日光浴的时候要涂防晒霜，因为太阳紫外线能引起皮肤病癌。

化学因素

①亚硝胺类：在变质的蔬菜及食品中含量高，可引起消化道和肾脏癌症。②芳香胺类：广泛应用于橡胶、制药、染料、塑料等行业，可诱发尿路癌症。③多环芳香烃类：存在于汽车废气、香烟、煤烟和熏制食品中。④烷化剂类：如芥子气、环磷酰胺，可引起白血病、肺癌、乳腺癌等。⑤氨基偶氮类：主要存在于纺织、食品中染料，可诱发肝癌。⑥黄曲霉毒素，主要存在于霉变的食物中。

黄曲霉能产生黄曲霉毒素，有强烈的致癌作用。

以下食物尽量不吃或少吃。

烧烤食物：烤牛肉、烤鸭、烤羊肉、烤鹅、烧猪肉以及烧焦的鱼中含有强致癌物3,4－苯并芘，不宜多食。

霉变食物：米、麦、豆、玉米、花生等食品易受潮霉变，其中黄曲霉产生的黄曲霉毒素具有强烈的致癌作用。

羊肉串烤制过程中会产生一种强烈致癌物质——苯并芘，所以不可常吃、多吃。

油炸食品：油煎饼、臭豆腐、煎炸芋角、油条等，多数是使用重复多次的油，而且煎炸过焦后，产生致癌物质多环芳香烃，高温下会产生一种致癌物。

腌制食物：腌制食物会产生亚硝酸盐，在体内会转化为亚硝酸胺致癌物质，如果平时摄入的蛋白质过多，致癌作用更强。隔夜的白菜也含有较多的亚硝酸盐，不能多吃。

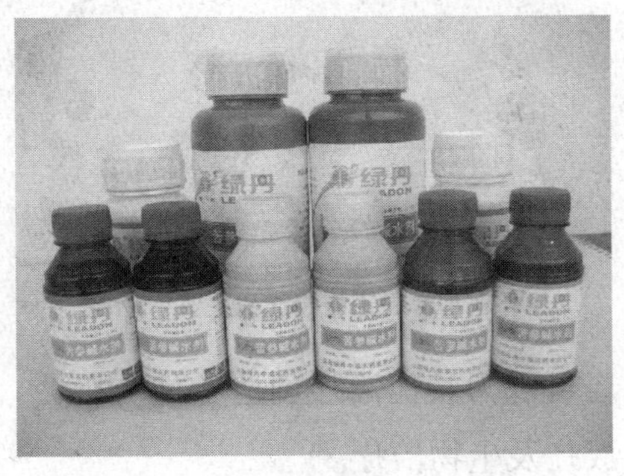

蔬菜水果中残留的农药会引起癌变。

生物因素

已经证明有30余种150余株病毒可以造成动物肿瘤。从动物致癌的实验中已经得到确切的结论。在实验动物身上，还能把肿瘤培养成功。病毒能引起人类肿瘤，如EB病毒与伯基特氏淋巴瘤和鼻咽癌有关，C型RNA病毒与白血病有关。

腌制的泡菜易诱发食道癌

治疗癌症的手段有哪些？

癌症治疗目的主要有二：一是延长病人的生存时间；二是改善患者的生活质量。随着科学的进步，癌症治疗取得重大进展，目前

主要的治疗手段是手术治疗、化疗、放疗和其它手段治疗。

外科手术

外科手术治疗癌症已有相当长的时间,迄今仍是根治肿瘤的主要手段。对较早期的癌症外科切除后常能达到长期治愈的目的,如早期肺癌行肺叶切除后,其5年生存率可达70~80%,早期食管癌术后5年生存率可达到90%以上。对局部较晚期的癌症患者,若能完整切除,也可达到较好的远期疗效。在术前化疗放疗的配合下,由于局部病变缩小,使原先已不能手术切除的患者得到了手术机会,增加肿瘤切除机会,从而改善了患者的整体治愈机会。外科手术还可以为其他治疗创造条件与机会,如减瘤术,使大块肿瘤切除便于化疗、放疗及生物治疗。

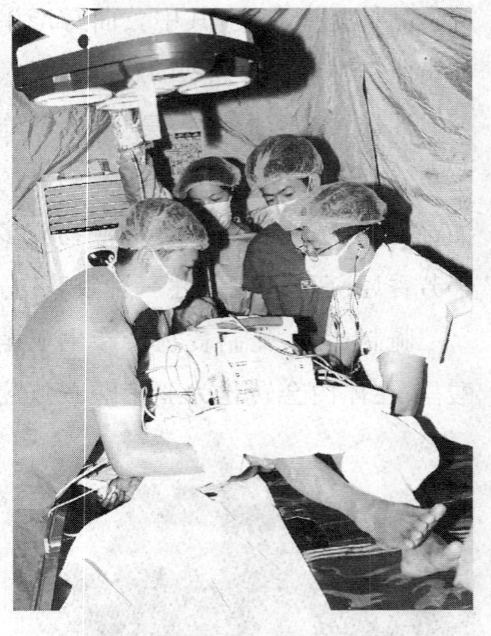

外科手术是治疗癌症的主要手段

化　疗

化疗是利用化学药物杀死肿瘤细胞、抑制肿瘤细胞的生长繁殖和促进肿瘤细胞的分化的一种治疗方式,化疗已成为公认的三大疗法之一,由于癌症的早期诊断尚有困难,70~80%的患者在确诊时已超越了手术根治性切除的范围。同时,相当多的患者因为年迈,心肺功能不佳,不能够耐受手

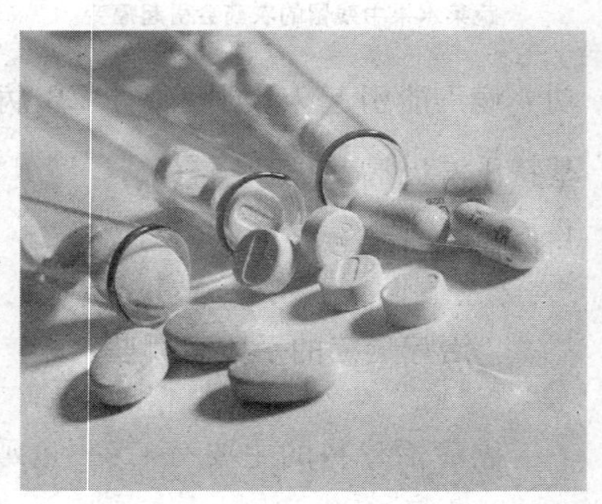

化疗就是用多种化学药物杀死癌细胞,但药物毒副作用很大,引起脱发等症状。

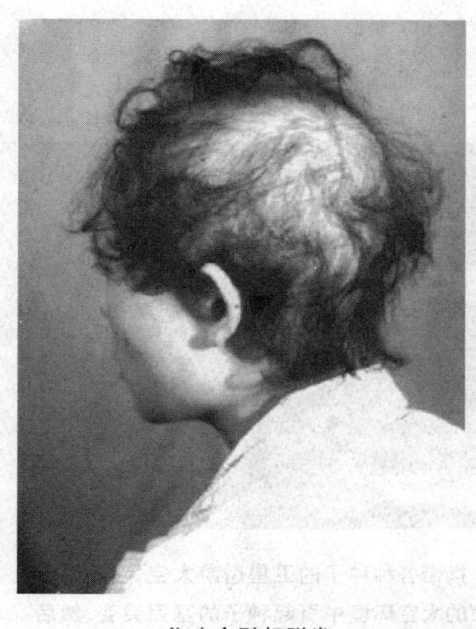

化疗会引起脱发

http://obgyn. pumch. cn/gxm/ppt/sideofchemo

术治疗,手术及放疗后复发转移的患者也多不宜再手术,再放疗。这些患者均需要化学药物治疗,以达到控制肿瘤、延长存活期的目的。从肿瘤生物学行为来讲,癌肿也是一类全身性疾病,最终的解决也应该不会是手术、放疗等局部治疗所能达到的。所以,化疗是癌症治疗中最具开发潜力的手段与研究方向之一。缺点是化疗药物的选择性差,在取得治疗效果的同时,常出现不同程度的毒副作用:身体衰弱、精神萎靡、出虚汗、白细胞和血小板下降,甚者红细胞、血色素下降等,有的甚至被迫停止治疗。

放射治疗

放疗是通过射线物理损伤治疗肿瘤的,是肿瘤治疗的一种重要手段,有些肿瘤如鼻咽癌通过放疗可以取得很好的治疗效果。放疗缺点是会产生放射性皮炎、放射性食管炎以及食欲下降、恶心、呕吐、腹痛、腹泻或便秘等诸多毒副反应。

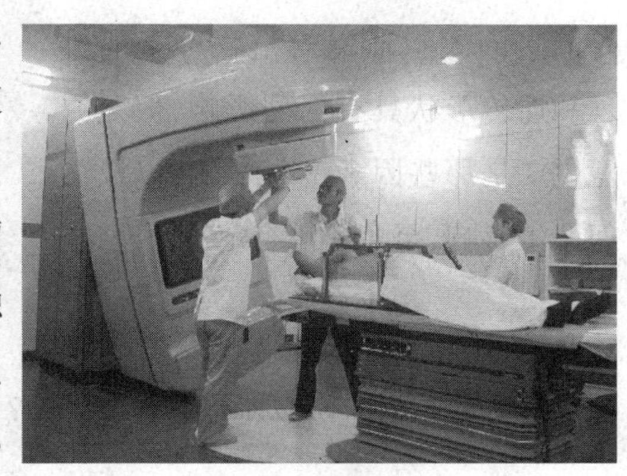

放疗就是用射线杀死癌细胞,同时也会损伤正常细胞的,也会有毒副作用。

随着科学技术的发展,肿瘤的治疗正在出现多学科结合、融合的趋势,出现了很多的新方法、新技术,取得了很好的治疗效果。如肿瘤的介入治疗、超声射频治疗等微创、无创治疗方法。

太空育种的原理也是基因突变吗？

太空育种也称空间诱变育种，就是将农作物种子或试管种苗送到太空，利用太空特殊的、地面无法模拟的环境（高真空，宇宙高能离子辐射，宇宙磁场、高洁净）的诱变作用，使种子的基因发生突变，再返回地面选育新种子、新材料，培育新品种的作物育种新技术。

携带各种种子的卫星遨游太空，在不同于地面的太空环境中引起种子的基因突变，然后回收播种。

由于亿万年来地球植物的形态、生理和进化始终深受地球重力的影响，一旦进入失重状态，同时受到其他物理辐射的作用，将更有可能产生在地面上难以获得的基因变异。

综合太空辐射、微重力和高真空等因素的太空环境对植物种子的生理和遗传形状具有强烈影响，但是究竟主要是那些因素产生影响，以及如何产生影响，至今还没有定论。

是微重力、射线还是其它因素引起基因突变，目前还不是很清楚。

经过太空洗礼的种子有哪些变化？

经历过太空遨游的农作物种子，返回地面种植后，不仅植株明显增高增粗，果型增大，产量比原来普遍增长而且品质也大为提高。

例如水稻种子经卫星搭载，获得了植株高、分蘖力强、穗型大籽粒饱满和生育期短的性状变异。增产 20%，单季亩产 400～600 千克，最高达 750 千克。蛋白质含量增加 8%～20%，氨基酸总含量提高 53%。太空小麦培育出矮秆、早熟、抗倒伏、抗病害、蛋白质含量高的丰产类型。

太空水稻

http://www.nhedu.net/dyy/kecheng/kcxx1.htm

太空青椒枝叶粗壮，果大肉厚，免疫力强。单果重 350～600 克，单季

太空椒

http://www.snipo.gov.cn/ReadNews.as p? NewsID = 4217&B igClass-Name = 中国杨凌第 13

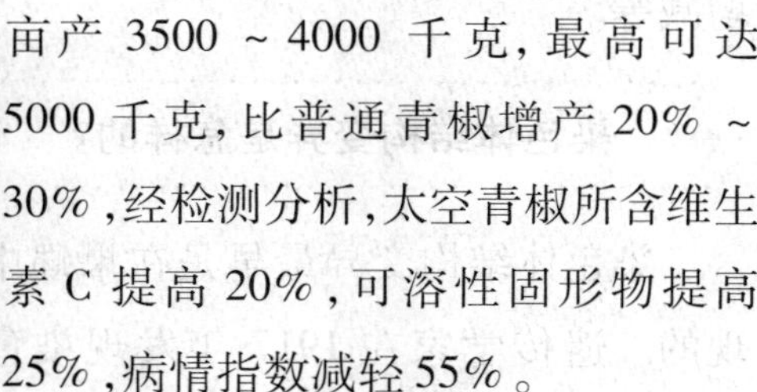

亩产 3500～4000 千克，最高可达 5000 千克，比普通青椒增产 20%～30%，经检测分析，太空青椒所含维生素 C 提高 20%，可溶性固形物提高 25%，病情指数减轻 55%。

太空黄瓜，藤壮瓜多，瓜体奇大，单果重 850～1100 克，抗病力强。特别是雌花开得多，是地面瓜秧的 1.5 倍。虽然它的皮厚了点，但瓜肉非常清凉爽口、汁多肉嫩。

太空番茄

http://www.dy999.com/a5hort.htm

太空番茄长势尤为喜人，株高茎粗，果穗增多，比常规番茄增产 15% 以上，最高可增产 23.3%。太空玉米能结出 6～7 个“棒子”，可长出 5 种颜色，而且味道也比普通玉米好。

染色体变异

基因突变是染色体的某一个位点上基因的改变,这种改变在光学显微镜下是看不见的。而染色体变异是可以用显微镜直接观察到的比较明显的染色体变化,如染色体结构的改变、染色体数目的增减等。

显微镜下的染色体

www－dna2006. cea. fr/chromosome. html

染色体结构变异是怎样的?

染色体结构变异最早是在果蝇中发现的。遗传学家在1917年发现染色体缺失,1919年发现染色体重复,1923年发现染色体易位,1926年发现染色体倒位。

什么是染色体缺失?

缺失是指染色体上某一区段及其带有的基因一起丢失,从而引起变异的现象。缺失的纯合体可能引起致死或表型异常。在杂合体中如携有显性等位基因的染色体区段缺失,则隐性等位基因得以实现其表型效应,出现所谓假显性。

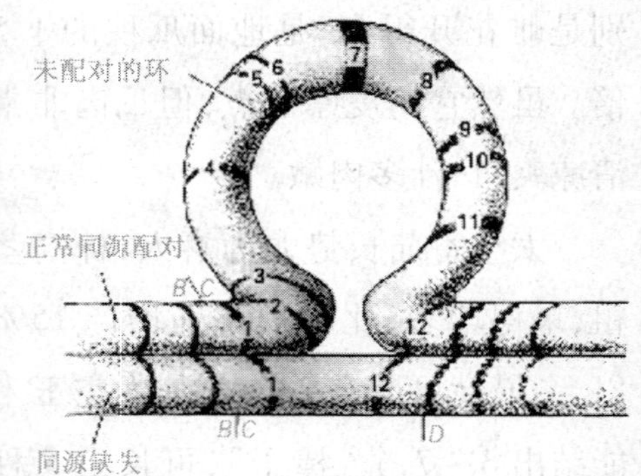

染色体缺失的联会

在缺失杂合体中,由于缺失的染

色体不能和它的正常同源染色体完全相应地配对，所以当同源染色体联会时，可以看到正常的一条染色体多出了一段（顶端缺失），或者形成一个拱形的结构（中间缺失），这条正常染色体上多出的一段或者一个结，正是缺失染色体上相应失去的部分。

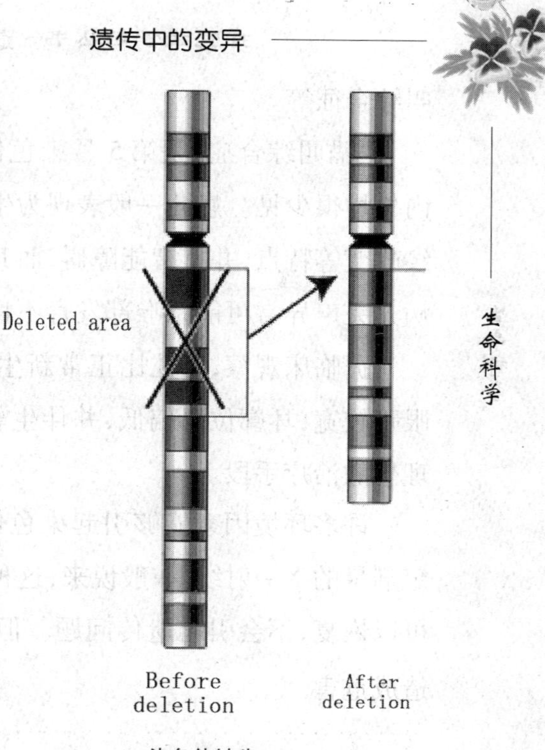

染色体缺失

http://members.cox.net/amgough/Fanconi - genetics - genetics - primer.htm

缺失引起的遗传效应随着缺失片段大小和细胞所处发育时期的不同而不同。在个体发育中，缺失发生得越早，影响越大缺失的片段越大，对个体的影响也越严重，重则引起个体死亡，轻则影响个体的生活力。

在人类遗传中，染色体缺失常会引起较严重的遗传性疾病，如猫叫综合征等。

猫叫综合症

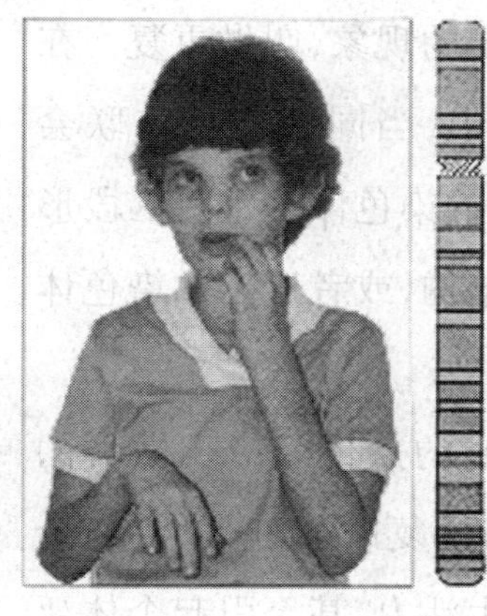

图位人类五号染色体，短臂畸形会患猫叫综合症患者。

jpkc.zju.edu.cn/k/531/d07z/d1j.htm

大小和细胞所处发育时期的不同而不同。在个体发育中，缺失发生得越早，影响越大缺失的片段越大，对个体的影响也越严重，重则引起个体死亡，轻则影响个体的生活力。

在人类遗传中，染色体缺失常会引起较严重的遗传性疾病，如猫

叫综合征等。

"猫叫综合症"是第5号染色体短臂畸形,发生率为十万分之一,在国内外均很少见。患儿一般表现为生长发育迟缓,头央部畸形,哭声奇特,皮纹改变等特点,并有智能障碍,而其最明显的特征是哭声类似猫叫。据称,病儿哭声异常可能系喉部发育不良所致,也可能与脑损害有关。

据临床观察,患儿比正常新生儿喜哭,猫叫样的哭声显著,此外,患儿眼距较宽,耳廓位置偏低,并伴生较多毛发,口腔中上腭也较高,目前尚无理想的治疗手段。

许多环境因素能够引起染色体断裂。如接触大剂量粘合剂、油漆,一定剂量的X-射线,一般说来,这种断裂的出现是暂时性的,经过一定时间可以恢复,不会引起遗传问题。但是如果在怀孕前后发生,有可能对胎儿造成危害。

什么是染色体重复?

染色体上增加了相同的某个区段而引起变异的现象,叫做重复。在重复杂合体中,当同源染色体联会时,发生重复的染色体的重复区段形成一个拱形结构,或者比正常染色体多出一段。

重复引起的遗传效应比缺失的小,但是如果重复的部分太大,也会影响个体的生活力,甚至引起个体死亡。例如,果蝇的棒眼就是X染色体特定区段重复的结果。

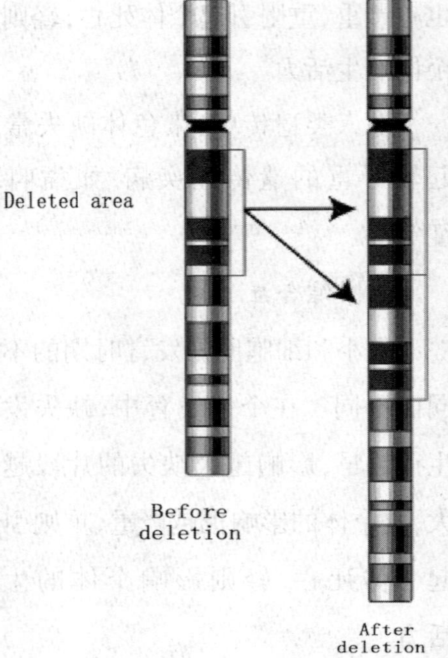

染色体重复

http://www.wikilib.com/wiki?title=%E5%9F

重复对生物体的不利影响一般小于缺失,因此在自然群体中较易保存。重复对生物的进化有重要作用,这是因为多余的基因可能向多个方向突变,而不至于损害细胞和个体的正常机能。

突变的最终结果,有可能使多余的基因成为一个能执行新功能的新基因,从而为生物适应新环境提供了机会。因此,在遗传学上往往把重复看作是新基因的一个重要来源。

什么是染色体易位?

易位是指一条染色体的某一片段移接到另一条非同源染色体上,从而引起变异的现象。如果两条非同源染色体之间相互交换片段,叫做相互易位,这种易位比较常见。

相互易位的遗传效应主要是产生部分异常的配子,使配子的育性降低或产生有遗传病的后代。易位杂合体所产生的部分配子含有重复或缺失的染色体,从而导致部分不育或半不育。例如,慢性粒细胞白血病,就是由人的第22号染色体和第14号染色体易位造成的。

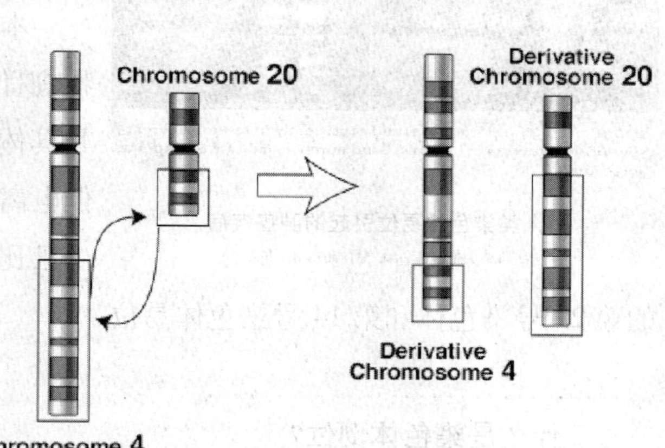

染色体易位

http://members.cox.net/amgough/Fanconi - genetics - genetics - primer.htm # Chromsome%20Abnormalities

易位在生物进化中具有重要作用。例如,在17个科的29个属的种子植物中,都有易位产生的变异类型,直果曼陀罗的近100个变种,就是不同染色体易位的结果。

生命科学

慢性粒细胞白血病

直果曼陀罗（n=12）许多变系就是不同染色体的易位纯合体

慢性粒细胞白血病简称慢粒，是伴有获得性染色体异常的多能干细胞水平上的恶性病变引起的一种细胞株病。

临床特征为显著的粒细胞过度生成，主要表现为乏力、消瘦、低热、肝脾肿大及骨髓粒细胞恶性增殖。本病可发生于各年龄组，以25～50岁间发病率最高，季节、性别与发病率无关。慢粒起病缓慢，约75%～85%的慢粒患者在1～5年由稳定期转入急变期。一旦急变后，半数以上病例在3个月内死亡，仅个别病例生存期能超过1年，因此急变是慢粒的终末期表现。

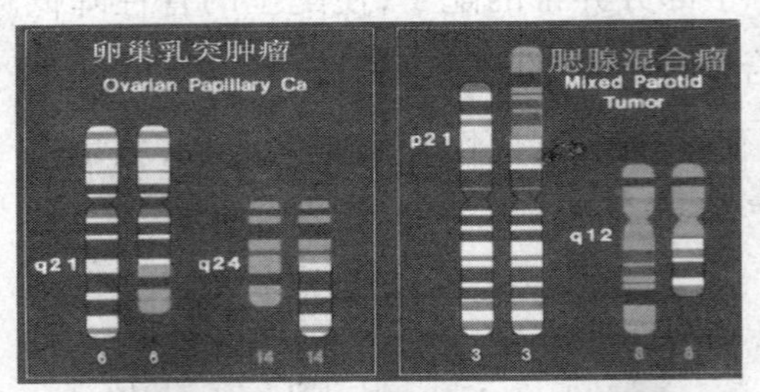

Figure　Translocations found consistently in several different types of solid tumors in humans. Band numbers indicate breakpoints. (Jorge Yunis)

人类染色体易位引起的肿瘤疾病

jpkc. zju. edu. cn/k/531/d07z/d1j. htm

本病被认为是物理、化学、生物、遗传等多因素所导致的疾患，其具体病因迄今仍未完全明了，但电离辐射及苯中毒导致慢粒发生已比较肯定，引起造血干细胞的第22号染色体和第14号染色体易位。

什么是染色体倒位？

指某染色体的内部区段发生180°的倒转，而使该区段的原来基因顺序发生颠倒的现象。倒位区段只涉及染色体的一个臂，称为臂内倒位；涉及包括着丝粒在内的两个臂,称为臂间倒位。

倒位的遗传效应首先是改变了倒位区段内外基因的连锁关系,还可使基因的正常表达因位置改变而有所变化。倒位杂合体形成的配子大多是异常的,从而影响了个体的育性。倒位纯合体通常也不能和原种个体间进行有性生殖,但是这样形成的生殖隔离,为新物种的进化提供了有利条件。例如,普通果蝇的第3号染色体上有三个基因按猩红眼－桃色眼－三角翅脉的顺序排列(St－P－Dl);同是这三个基因,在另一种果蝇中的顺序是St－Dl－P,仅仅这一倒位的差异便构成了两个物种之间的差别。

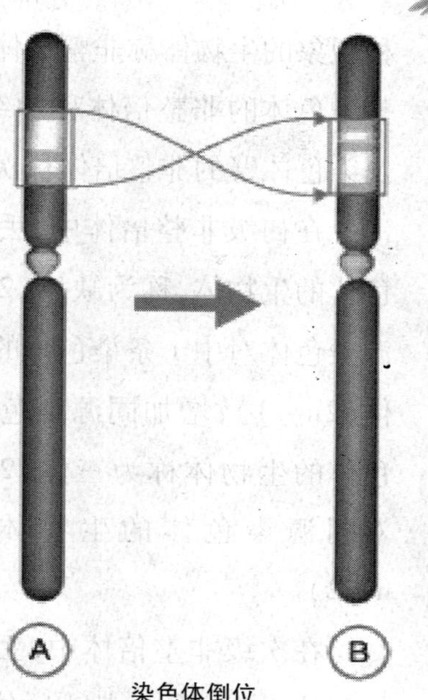

染色体倒位

http://www.embryology.ch/anglais/kchromab

染色体数量变异是怎样的?

一般来说,每一种生物的染色体数目都是稳定的,但是,在某些特定的环境条件下,生物体的染色体数目会发生改变,从而产生可遗传的变异。染色体数目的变异可以分为两类:一类是细胞内的个别染色体增加或减少,另一类是细胞内的染色体数目以染色体组的形式成倍地增加或减少。

个别染色体增减会引起什么后果?

2n染色体数的生物体可能会增或减一个以至几个染色体或染色体臂,出现这

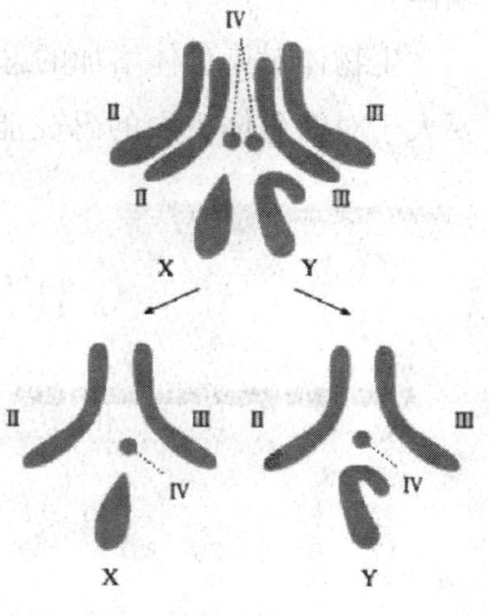

果蝇染色体组成

www1.qzedu.gov.cn:8000/.../g2sw/g2sw08/zdjj.htm

种现象的生物体称非整倍体。其中涉及完整染色体的非整倍体称初级非整倍体；涉及染色体臂的非整倍体称次级非整倍体。

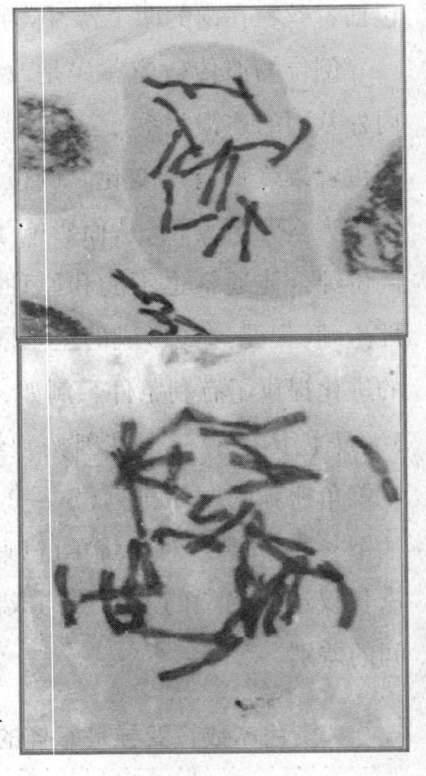

二倍体洋葱和四倍体洋葱的核型

在初级非整倍体中，丢失1对同源染色体的生物体，称为缺体（2n－2）；丢失同源染色体对中1条染色体的生物体称为单体（2n－1）；增加同源染色体对中1条染色体的生物体称为三体（2n＋1）；增加1对同源染色体的生物体称为四体（2n＋2）。

在次级非整倍体中，丢失了1个臂的染色体称为端体。某生物体如果有1对同源染色体均系端体者称为双端体，如果1对同源染色体中只有1条为端体者称为单端体。

生物体对染色体增加的忍受能力一般要大于对染色体丢失的忍受能力。因1条染色体的增减所造成的不良影响一般也小于1条以上染色体的增减。

21 三体综合症核型

http://www.i3721.com/gz/tbetk/g2/xjcg2sw/200606/224047.html

21 三体综合症

21 三体综合症又称先天愚型或Down综合症，属常染色体畸变，是小儿染色体病中最常见的一种，活婴中发生率约1/(600～800)，母亲年龄愈大，本病的发病率愈高。60%患儿在

胎儿早期即夭折流产。

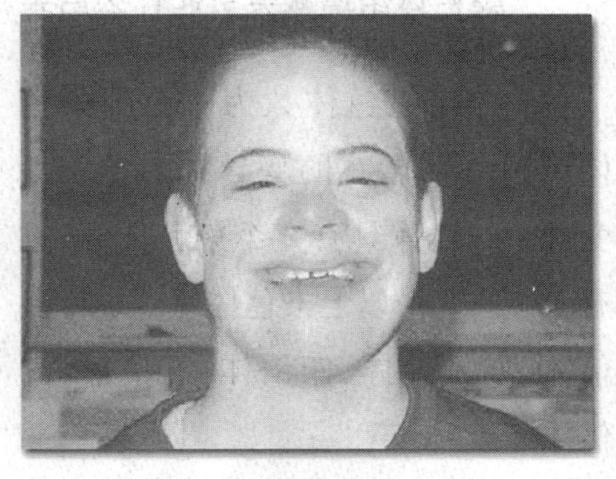

21 三体综合症患者

www. down - syndrom. ch/right_e. htm

21 三体综合症包含一系列的遗传病,其中最具代表性的第 21 号染色体的三体现象(占总数的 90% 以上),会导致包括学习障碍、智能障碍和残疾等高度畸形。这个病因在 19 世纪末,首次能描述它的病理的英国医生唐·约翰·朗顿(John-LangdonDown)而命名。

英国医生唐·约翰·朗顿最先描述 21 三体综合症。

http://www. intellectualdisability. info/values/

21 三体综合症患儿的主要特征为智能低下(智商很少超过 60 的)、体格发育迟缓和特殊面容。患儿眼距宽,鼻梁低平,眼裂小,眼外侧上斜,有内眦赘皮,外耳小,硬腭窄小,舌常伸出口外,流涎多;身材矮小,头围小于正常,骨龄常落后于年龄,出牙延迟且常错位;头发细软而较少;四肢短,由于韧带松弛,关节可过度弯曲,手指粗短,小指向内弯曲。

孕妇在 20 到 24 岁之间,患病率为 1/1490,到 40 岁为 1/106,49 岁为 1/11。原因是随着产妇年龄的增加卵子形成过程中会引起染色体不分离现象的增加。另外也有多余的染色体来自父亲一方的情况,父方起因和母方起因的比例为 1:4。

染色体组增减会引起什么后果?

以一定染色体数为一套的染色体组呈整倍增减的变异称为整倍性变异。二倍体具有2个染色体组,具有3个或3个以上染色体组者统称多倍体,如三倍体、四倍体、五倍体、六倍体等。

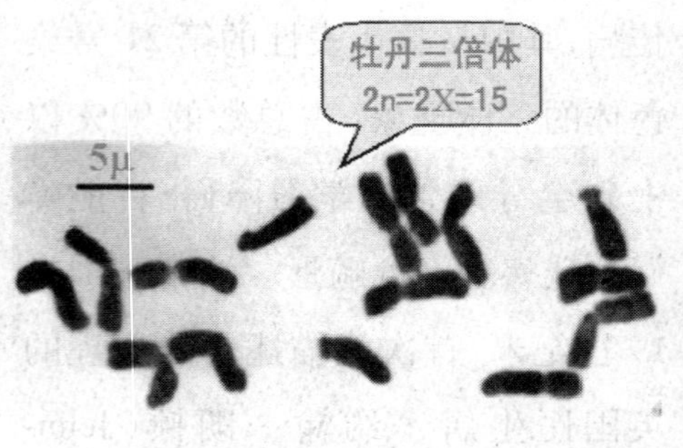

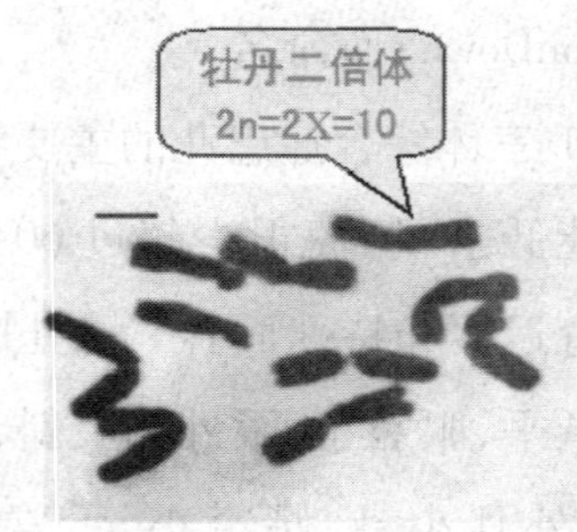

三倍体核型

http://jpkc.zju.edu.cn/k/531/d07z/d3j.htm

一般奇数多倍体由于减数分裂不正常而导致严重不孕。如果增加的染色体组来自同一物种,则称同源多倍体。如直接使某二倍体物种的染色体数加倍,所产生的四倍体就是同源四倍体。如使不同种、属间杂种的染色体数加倍,则所形成的多倍体称为异源多倍体。

异源多倍体系列在植物中相当普遍,据统计约有30~35%的被子植物存在多倍体系列,而禾本科植物中的异源多倍体则高达75%。栽培植物中有许多是天然的异源多倍体,如普通小麦为异源六倍体、陆地棉和普通烟草为异源四倍体。所以染色体组增减一般不会产生不良的遗传效应,有些甚至是有益的。

多倍体亦可人工诱发,秋水仙碱处理就是诱发多倍体的最有效措施。

秋水仙素诱发多倍体

用一定浓度的秋水仙素处理萌发的种子、正在膨大的芽、根尖、幼苗、嫩枝生长点、花蕾等。秋水仙素浓度不宜太高也不宜太低，果树、树木：1～1.5%，蔬菜、草本花卉：0.01～0.2%。

普通烟草

http://www.bm8.org/zhiwutupian/XvIU_582.htm

诱导方法：

1. 浸渍法：可用溶液浸渍幼苗、新梢、插条、接穗、种子及球根类蔬菜、花卉等材料。为避免蒸发，宜加盖，避光。一般发芽种子处理数小时至3d或多至10d左右。秋水仙碱能阻碍根系的发育，处理后要用清水洗净后再播种。处理插条、接穗一般1～2d。处理后也要用清水洗干净。

2. 涂抹法：把秋水仙碱按一定浓度配成乳剂，涂抹在幼苗或枝条的顶端，处理部位要适当遮盖，以减少蒸发和避免雨水冲洗。

3. 滴液法：对较大植株的顶芽、腋芽处理时可采用此法。每日滴一至数次，反复处理数日，使溶液透过表皮渗入组织内部。如溶液在上面停不住时，可将小片脱脂棉包裹幼芽，再滴加溶液，浸湿棉花。

4. 套罩法：保留新梢的顶芽，除去顶芽下面的几片叶，套上一个防水的胶囊，内盛有含1%秋水仙素的0.65%的琼脂，经24h即可去掉胶囊。

秋水仙素诱导只能产生偶数多倍体，且为同源多倍体。

用秋水仙素诱导多倍体必须处理幼嫩部位，如种子、嫩芽、根尖、幼苗、花蕾等。

http://www.arableplants.fieldguide.co.uk/?P=plant_struct&SHC=1&PSD=1

基因重组

基因重组是指在生物体进行有性生殖的过程中，控制不同性状的基因的重新组合。

基因重组通过什么方式实现的?

基因重组是通过有性生殖过程实现的。在有性生殖过程中，由于父本和母本的遗传特质基础不同，当二者杂交时，基因重新组合，就能使子代产生变异，通过这种来源产生的变异是非常丰富的。

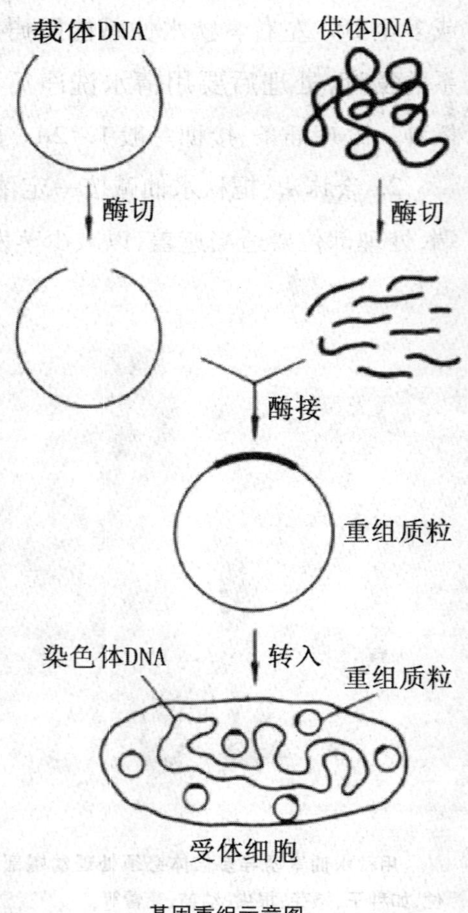

基因重组示意图

父本与母本自身的杂合性越高，二者的遗传物质基础相差越大，基因重组产生变异的可能性也越大。以豌豆为例，当具有10对相对性状(控制这10对相对性状的等位基因分别位于10对同源染色体上)的亲本进行杂交时，如果只考虑基因的自由组合所引起的基因重组，F2可能出现的表现型就有1024种，即2^{10}种。

在生物体内，尤其是在高等动植物体内，控制性状的基因的数目是非常巨大，因此，通过有性生殖产生的

杂交后代的表现型种类是很多的。如果把同源染色体的非姐妹染色单体交换引起的基因重组也考虑在内，那么生物通过有性生殖产生的变异就更多了。

由此可见，通过有性生殖过程实现的基因重组，为生物变异提供了极其丰富的来源。这是形成生物多样性的重要原因之一，对于生物进化具有十分重要的意义。

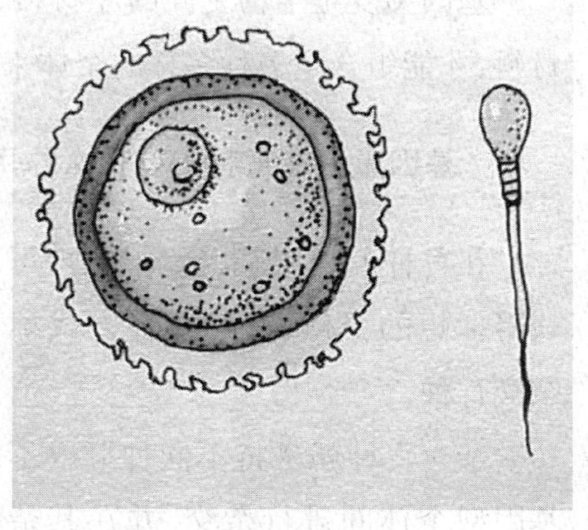

有性生殖的生殖细胞须经过减数分裂得到

http://www.dkimages.com/discover/DKIMA

基因重组能产生新的基因吗？

基因重组是将非等位基因分开再重新组合，能产生大量的变异类型，但组合来组合去还是现存的那些基因，没有产生新的基因。基因突变是因为基因的分子结构的改变从而形成新的基因，就会出现从未有过的表现型。

打个比喻，26 个英文字母就是 26 个基因，可以组合出许许多多的单词，这就是基因重组，单词就是表现型。字母怎么组合都是现实中有的字母，并没有出现新字母。但如果单词中现在变异出一个“Δ”这个东西，这个“Δ”就是基因突变而来的。

人的面孔各异是基因重组的结果

www.torontodance.ca/

基因突变是生物变异的原材料，是基因重组的基础，当有了充足的原材料，才能组合出多种多样的个体来。

基因重组在育种上有什么作用？

在育种上利用基因重组原理可以获得理想的个体，这种育种方式称为杂交育种。

杂交育种就是将不同种群或不同基因型个体间进行杂交，并在其杂种后代中通过选择而育成纯合品种的方法。杂交可以使双亲的基因重新组合，形成各种不同的类型，为选择提供丰富的材料；基因重组可以将双亲控制不同性状的优良基因结合于一体，或将双亲中控制同一性状的不同微效基因积累起来，产生在各该性状上超过亲本的类型。

袁隆平和他的杂交水稻

http://news.xinhuanet.com/tech/2008-03/30/content_7884368_1.htm

目前，世界各生产上使用的主要作物品种大都是杂交品种，它们获得了大面积增产的效果，科学家们还在选育更加高产、抗病、抗虫、抗旱等特性更好的杂交品种，这为在有限的地球上养活日益膨胀的人口提供了可能。

转基因技术

什么是转基因技术？

将人工分离和修饰过的基因导入到生物体基因组中，由于导入基因的表达，引起生物体的性状的可遗传的修饰，这一技术称之为转基因技术。人们常说的“遗传工程”、“基因工程”、“遗传转化”均为转基因的同义词。经转基因技术修饰的生物体在媒体上常被称为“遗传修饰过的生物体”。

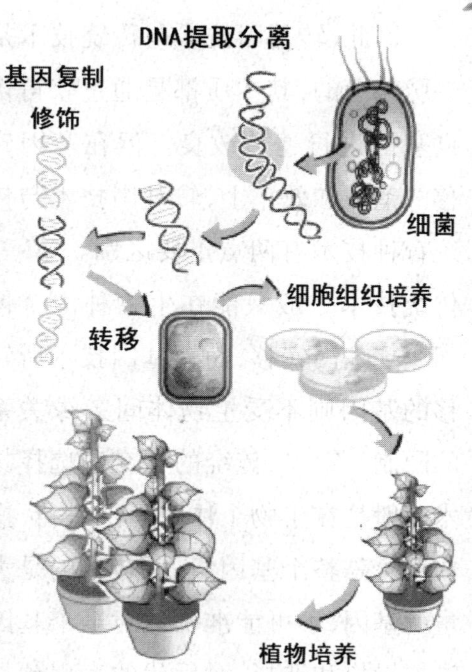

转基因植物培育示意图

http://www.greenfacts.org/en/gmo/2 - genetica

转基因技术是以分子遗传学为理论基础，以分子生物学和微生物学的现代方法为手段，将不同来源的基因（DNA 分子），按预先设计的蓝图，在体外构建杂种 DNA 分子，然后导入活细胞，以改变生物原有的遗传特性、获得新品种、生产新产品。

转基因技术与传统育种技术有什么区别？

自从人类耕种作物以来，我们的祖先就从未停止过作物的遗传改良。过去的几千年里农作物改良的方式主要是对自然突变产生的优良基因和重组体的选择和利用，通过随机和自然的方式来积累优良基因。遗传学创立后近百年的动植物育种则是采用人工杂交的方法，进行优良基因的重组和外源基因的导入而实现遗传改良。

转基因抗虫棉

http://www.caas.net.cn/caas/news/showNews.asp? id = 551

因此，转基因技术与传统技术是一脉相承的，其本质都是通过获得优良基因进行遗传改良。但在基因转移的范围和效率上，转基因技术与传统育种技术有两点重要区别。第一，传统技术一般只能在生物种内个体间实现基因转移，而转基因技术所转移的基因则不受生物体间亲缘关系的限制。第二，传统的杂交和选择技术一般是在生物个体水平上进行，操作对象是整个基因组，所转移的是大量的基因，不可能准确地对某个基因进行操作和选择，对后代的表现预见性较差。而转基因技术所操作和转移的一般是经过明确定义的基因，功能清楚，后代表现可准确预期。因此，转基因技术是对传统技术的发展和补充。将两者紧密结合，可相得益彰，大大地提高动植物品种改良的效率。

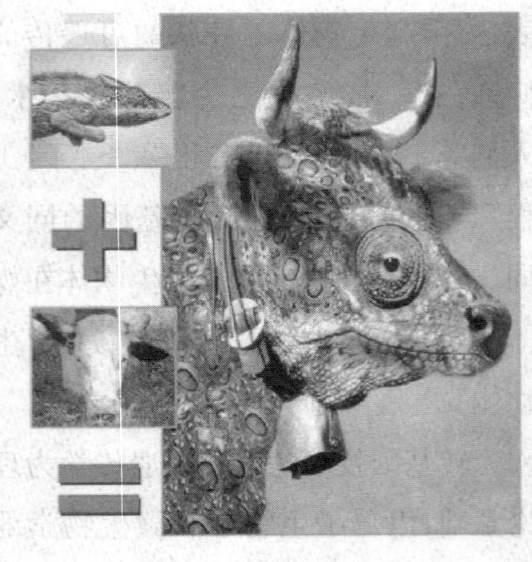

转基因技术实现了物种之间的基因转移

http://www.genekey.cn/genePic/index.asp? classname=转基因动物

英研究人员基因改造育出紫色番茄

http://news.cnhubei.com/jkxw/200810/t477988.shtml

转基因食品

所谓转基因食品，就是利用分子生物学技术，将某些生物的基因转移到其它物种中去，改造生物的遗传物质，使其在性状、营养品质、消费品质方面向人类所需要的目标转变，以转基因生物为直接食品或为原料加工生产的食品就是转基因食品。

它的研究已有几十年的历史，但真正的商业化是近十年的事。90年代初，市场上第一个转基因食品出现在美国，是一种保鲜番茄，这项研究成果本是在英国研究成功的，但英国人没敢将其商业化，美国人便成了第一个吃螃蟹的人，让保守的英国人后悔不迭。

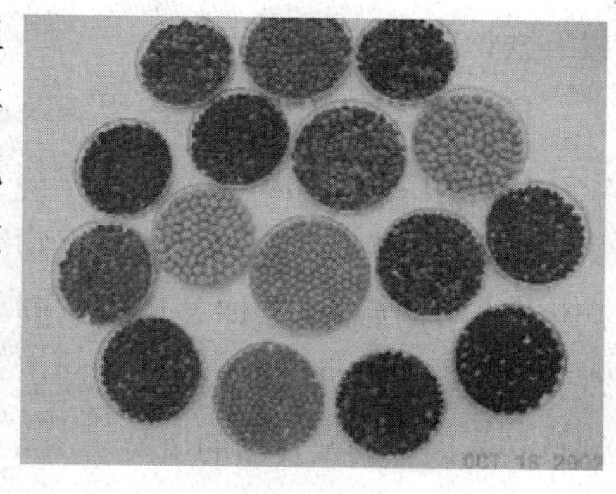

转基因大豆

http://www.dj365.com.cn/photo/p.asp?id=593241

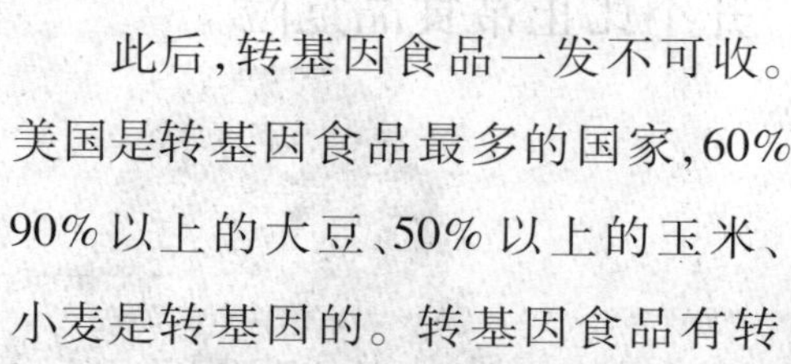

此后，转基因食品一发不可收。美国是转基因食品最多的国家，60%以上的加工食品含有转基因成分，90%以上的大豆、50%以上的玉米、小麦是转基因的。转基因食品有转基因植物，如：西红柿、土豆、玉米等，还有转基因动物，如：鱼、牛、羊等。

各种转基因食品

www.primidi.com/2006/07/31.html

虽然转基因食品与普通食品在口感上没有多大差别，但转基因的植物、动物有明显的优势：优质高产、抗虫、抗病毒、抗除草剂、改良品质、抗逆境生存等。

转基因食品安全吗?

直到目前为止，转基因食品在推出市场前都没有经过长远的安全评估，人类长期食用是否安全仍然成疑，而科学界对这些食品是否安全也

没有共识。

世界粮农组织、世界卫生组织及经济合作组织这些国际权威机构都表示，人工移植外来基因可能令生物产生“非预期后果”。即是说我们到现在为止还没有足够的科学手段去评估转基因生物及食品的风险。

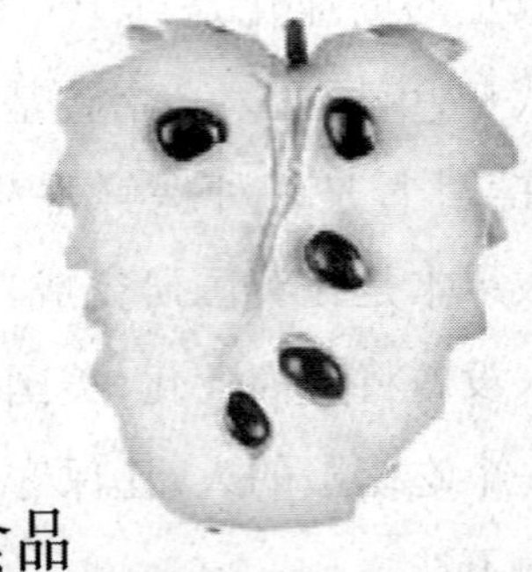

转基因食品并不比正常食品危险

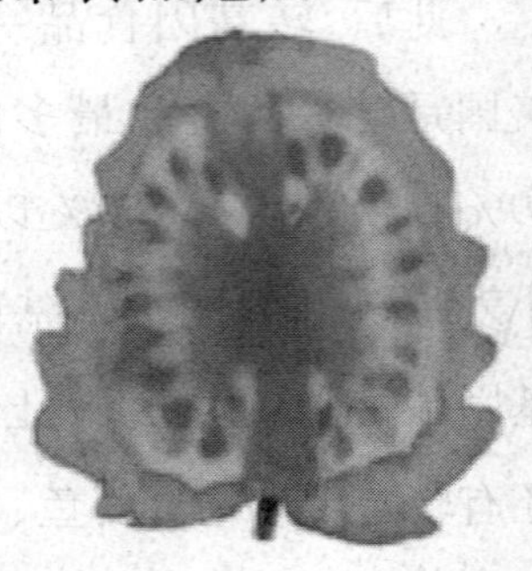

转基因食品安全问题现在还没有定论

www. non－gm－farmers. com/news_details. asp? ID＝486

从本质上讲，转基因生物和常规育成的品种是一样的，两者都是在原有的基础上对某些性状进行修饰，或增加新性状，或消除原有不利性状。常规育成的品种仅限于种内或近缘种间，而转基因植物中的外源基因可来自植物、动物、微生物。虽然，目前的科学水平还不能完全精确地预测一个外源基因在新的遗传背景中会产生什么样的相互作用，但从理论上讲，转基因食品是安全的。

面对越来越多的转基因食品，人们的认识并非一致，以美国为首的主吃派和欧洲为首的反对派在全球范围内形成了两大阵营。不久前调查表明，美国、加拿大两国的消费者大多已接受了转基因食品，仅有27%的消费者认为食用转基因食品可能会对健康造成危害。而在欧洲，大多数人是反对转基因食品的，英国尤为明显。缘由是1998年英国的一位教授的研究表明，幼鼠食用转基因的土豆后，会使内脏和免疫系统受损，这是对转基因食品提出的最早质疑，并在英国及全世界引发了关于转基因食品安全性的大讨论。

转基因生物对其它生物有没有危害?

转基因作物因为是人工制造的品种,我们可以把这些品种看作为自然界原来不存在的外来物种。一般说来,外来物种对环境或生物多样性造成威胁或危险会有一段较长的时间。有时需10年的时间,或更长的时间。转基因作物商品化种植至今时间不长,一些潜在风险在这么短的时间内不一定能表现出来。

GM 油菜正在变成超级杂草

http://www.guardian.co.uk/politics/2008/jun/19/2

但已经出现了生态危害的迹象,根据2001年8月的报道,在加拿大主要的转基因作物是耐除草剂的GM油菜,但它们正在变成杂草。农民们正在与他们农田里的一种新的有害植物作斗争。因为在他们农田里已出现了未种植过的GM油菜,而这种植物能抗常规使用的除草剂,要杀死它们还较困难,这些GM油菜真正成为所谓的"超级杂草"。

窥视生命密

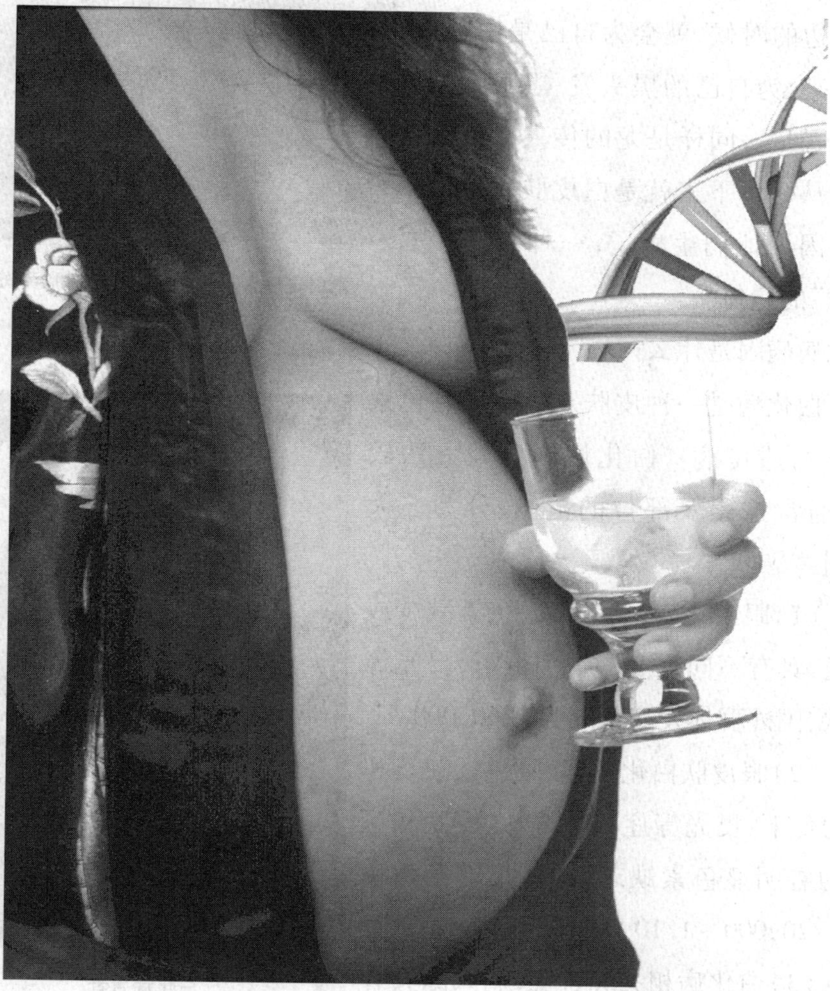

单基因遗传病

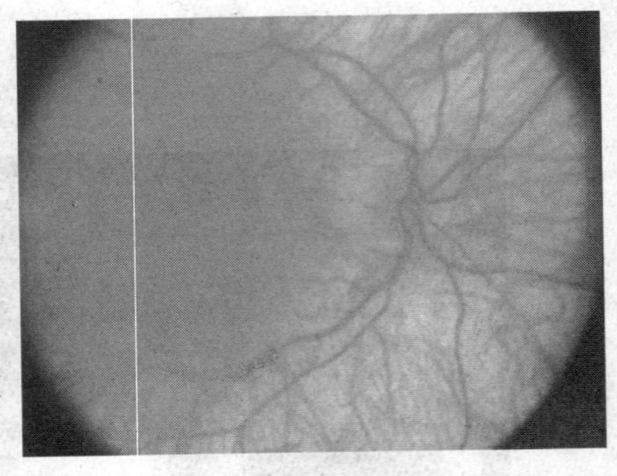

眼白化病（视网膜色素上皮细胞黄斑区色素缺乏）

http://cnophol.com/med/200801/med_9620.html

"黑头发、黑眼睛、黄皮肤，永永远远是龙的传人。"每当这首歌回荡在耳边的时候，就会为自己是中国人而自豪，为自己的黑头发、黑眼睛、黄皮肤，但是，同样是龙的传人，有些孩子却从一生下来就是白皮肤、黄头发呢？因为他们生病了，一种叫做"白化病"的遗传病。

白化病病因是什么？

白化病是一种皮肤及其附属物色素缺乏的遗传病。白化病的分类方法较多，通常按累及部位的范围，分为三大类别：

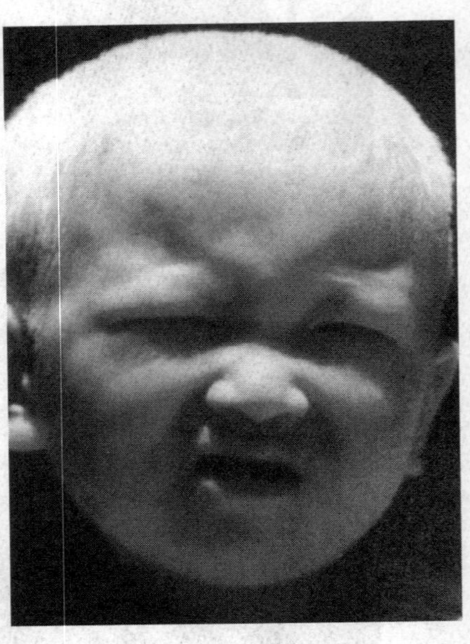

白化病患者

http://www.zrkx.com/html/shengwupindao/yi

（1）眼白化病，病人仅眼色素减少或缺乏，具有不同程度的视力低下，畏光等症状，国外群体发病率约为1/60,000。

（2）眼皮肤白化病，除眼色素缺乏和视力低下、畏光等症状外，病人皮肤和毛发均有明显色素缺乏，国外报道发病率为1/20,000～1/10,000。

（3）白化病相关综合征，病人除具有一定程度的眼皮肤白化病表现外，还有

其他特定异常，如同时具有免疫功能低下的谢迪亚克－东综合征和具有出血素质的海－普综合征，这类疾病较为罕见，和黑色素及其它细胞蛋白的缺陷有关。

白化病的表现症状是怎样的？

白化病患者的头发缺乏黑色素就变成银白色或淡黄色；皮肤缺乏黑色素可变成乳白色或粉红色；眼睛的虹膜和瞳孔缺乏黑色素就会变成浅红色。除了上述症状外，常出现眼球震颤、视敏度下降。

动物也会得白化病——白化鳄

tech. sina. com. cn/d/2008－04－16/07172140275. shtml

病人对阳光很敏感，眼睛受到强烈的阳光刺激而难以睁开，日晒后皮肤表皮增厚，角化过度，甚至发生鳞状上皮癌。部分病人易出血，可同时出现耳聋和某些器官发育不全等。

为何会全身白化呢？

人体表现出不同的肤色是由于人体皮肤中含有的黑色素多少不一的缘故。黑种人皮肤的黑色素最多，而黄种人皮肤中的黑色素较少，而白种人皮肤中的黑色素最少，因此皮肤的颜色表现出很大的差异。

白化松鼠

sci. ce. cn/. . . /16/t20080416_15170689_3. sht

而患白化病的患者则是由于机体中缺少一种酶——酪氨酸酶，患者体内的黑色素细胞不能将酪氨酸酶的最终变成黑色素。

父母都正常，为什么会生下白化病子女来？

人体中控制酪氨酸酶的基因位于第11号常染色体上。因此在遗传的方式上白化病是属于常染色体上的隐性遗传。只有当个体为隐性纯合子（aa）时，才表现为白化病，通常白化病患者的父母为表现型正常的杂合子，基因型为（Aa）是致病基因的携带者，这样的夫妇如果再生育子女，无论男孩还是女孩，都有1/4的发病风险。

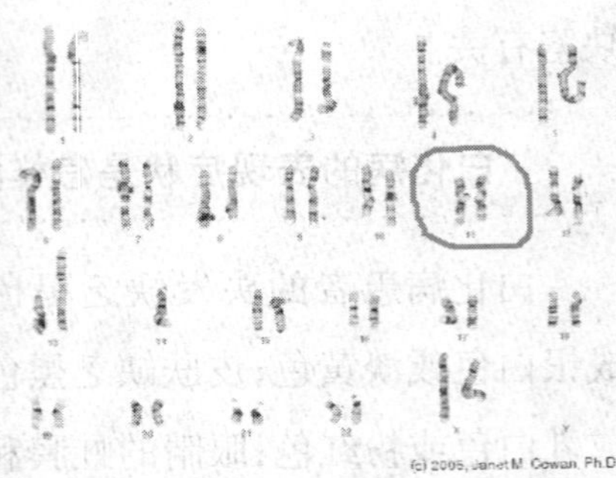

控制酪氨酸酶的基因位于第11号染色体

http://www.myoops.org/cocw/tufts/courses/20/content/293242.htm

有一种以眼睛损害为主的白化病类型，被称为眼白化病，表现为X连锁隐性遗传，是由母亲所携带的白化病基因传给儿子时才患病，传给女儿一般不患病，这种传递的概率是1/2。这种类型在所有白化病类型中所占比例相对较少。

白化病能治好吗？

白化病是一种遗传性皮肤病，目前尚无根治办法，仅能通过物理方法，如遮光等以减轻患者不适症状。还可以通过使用光敏性药物、激素等治疗后使白斑减弱甚至消失。

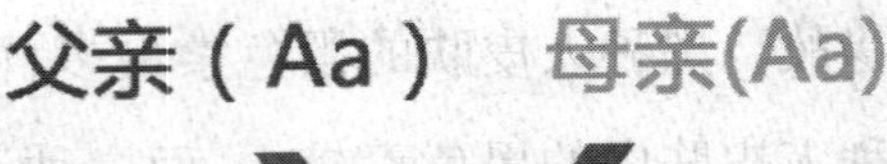

白化病遗传图谱

白化病患者如无其他先天性畸形，可以存活到成年，局部白化病可能对寿命影响不大。

白化病患者应注意什么？

白化病患者的皮肤由于缺乏黑色素的保护，极容易被日光中的紫外光晒伤，经常暴露在太阳光下可能会导致皮肤癌的发生，因此他们不适宜暴露于阳光下的室外作业。

白化病患者出门最好戴遮阳帽和墨镜

http://cn.made-in-china.com

避免强烈的日光照射。可以戴遮阳帽、穿长袖衣裤，减少强光下的户外活动，由此降低发生日光性皮炎甚至皮肤癌的可能性。注意保护眼睛。可以佩戴太阳镜，避免长时间用眼并定期进行视力检查。应到正规医院的眼科咨询，采用科学正确的方法纠正斜视等问题，尽可能改善视力或防止视力下降过快。

患者应密切注意病情的发展，防止皮肤癌变。平时可吃些黑芝麻、黑豆、桑椹、核桃仁等含酪氨酸较多的"黑色食品"，使症状减轻。

不容忽视的另一个影响是白化病病人可能存在的心理问题。他们特殊的外表、陌生人不友好不容纳的态度、同龄人对他们的排斥都将使他们产生强烈的自卑感，久而久之会影响到他们的身心健康，甚至造成性格扭曲。成年白化病病人在学习、就业、工作、婚姻等问题上也会遇到困难和歧视。同时，白化病病人也会给家庭带来很大的负担和心理压力，对患儿以后学习、生活、工作的担心，对可能再次生育患儿的忧虑，都可能直接影响整个家庭的生活质量。

白化病患者多吃黑芝麻、核桃仁等食品

绝大多数白化病病人虽然外表特殊、视力低下，但智力正常，需要社会的理解与帮助，同时也应自我培养开朗乐观的性格。

人类白化病与白化动物是一样的病因吗？

发病机理一样，白化动物体内也由于缺少酪氨酸酶，所以不能合成黑色素，形成了白化现象。

苯丙酮尿症

苯丙酮尿症是什么样的遗传病？

苯丙酮尿症是一种常见的氨基酸代谢病，是由于苯丙氨酸代谢途径中的酶缺陷，使得苯丙氨酸不能转变成为酪氨酸，导致苯丙氨酸及其酮酸蓄积并从尿中大量排出。

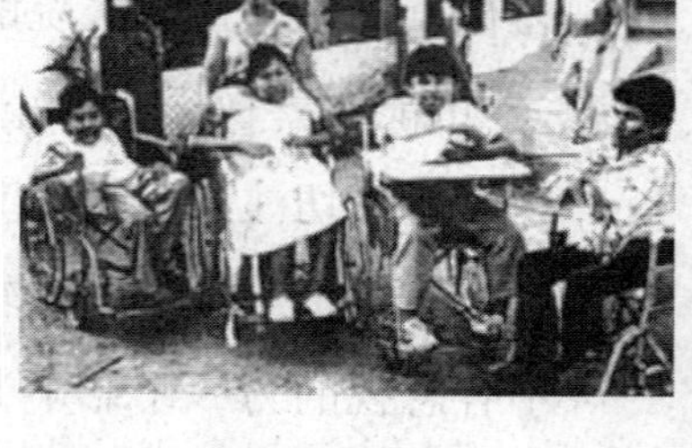

苯丙酮尿症患者

http://sz.slzx.cn/ct/szweb/gkst_tj/kcfd/rldyc/0

苯丙酮尿症有哪些临床表现？

患儿初生时正常，在生后数月内可能早期出现呕吐、烦躁、易激怒及程度不同的发育落后，生后4～9个月开始有明显的智力发育迟缓，语言发育障碍尤甚，近半数合并有癫痫发作，其中约1/3为婴儿痉挛症，多在生后18个月以前出现。

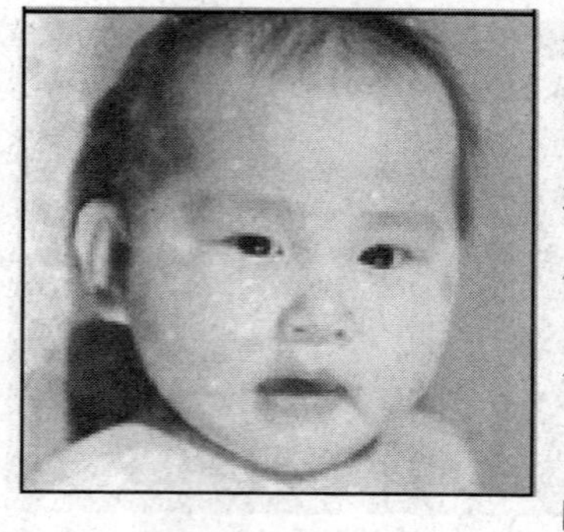

苯丙酮尿症患者

www.gdswjx.net/Article/ShowArticle.asp?Articl...

患儿尿液中常有令人不快的鼠尿味。同时，患儿易合并有湿疹、呕吐、腹泻等。

由于黑色素缺乏，患儿常表现为头发黄、

皮肤和虹膜色浅。

严重时,苯丙氨酸堆积在脑组织中,会引起中枢神经系统的损伤,使患儿智力低下、表情痴呆、惊厥、手部细微震颤,肢体重复动作等。

苯丙酮尿症如何遗传的?

苯丙酮尿症属常染色体隐性遗传,其遗传概率与白化病的遗传概率一样,生过一个病儿的母亲再次生育时发病率为1/4,近亲婚配中发病率明显增高。

该病发病率随种族而异,因为不同人群中该致病基因的频率有所不同。美国约为1/14000,日本1/60000,我国1/16500。

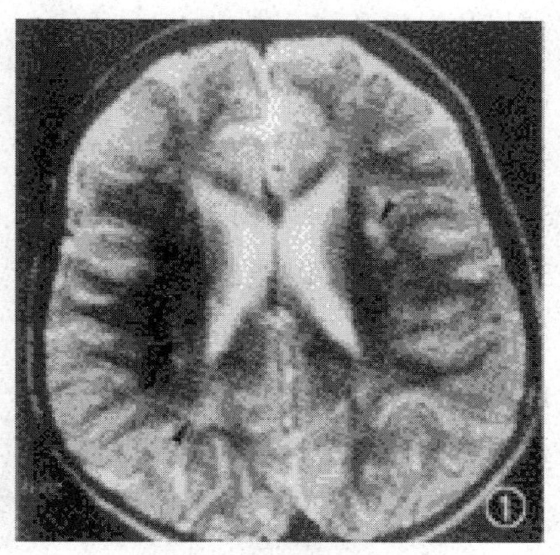

苯丙酮尿症患儿脑部发育明显异常

www. ynradiology. net/Article_Show. asp? ArticleI. . .

苯丙酮尿症能够治好吗?

诊断一旦明确,应尽早给予积极治疗,主要是饮食疗法。开始治疗的年龄愈小,效果愈好。

苯丙酮尿症患者幼儿期应以大米、蔬菜、水果为主。

www. riverhouseacres. com/catering_services_1. htm

由于苯丙氨酸是合成蛋白质的必需氨基酸,完全缺乏时亦可导致神经系统损害,因此治疗中既要严格限制苯丙氨酸的摄入,以防止苯丙氨酸及其代谢产物的异常蓄积,又要满足机体的需要,从而保证患儿的正常发育。

母乳仍是最好的饮食,给予计

算量的母乳,对患儿的发育十分有利,因此切忌停喂母乳。

到幼儿期添加辅食时应以淀粉类、蔬菜、水果等低蛋白食物为主。

苯丙氨酸需要量,2 个月以内约需 50 ~ 70mg/(kg. d) 3 ~ 6 个月约 40mg/(kg. d),2 岁均约为 25 ~ 30mg/(kg. d),4 岁以上约 10 ~ 30mg/(kg. . d),以能维持血中苯丙氨酸浓度在 0. 12 ~ 0. 6mmol/L(2 ~ 10mg/dl)为宜。饮食控制至少需持续到青春期以后。

表1　蛋白质摄入量

年龄	摄入量(g/Kg/d)
0 ~ 1 岁	2. 2 ~ 1. 8
1 ~ 3 岁	1. 8 ~ 1. 5
3 ~ 6 岁	1. 5 ~ 1. 2
>6 岁	1. 2 ~ 1. 0

表2　所需热量摄入

年龄	摄入量(Kca/Kg/d)
<1 岁	120 ~ 100
1 岁 -	100 ~ 90
4 岁 -	90 ~ 80
7 岁	80 ~ 70
>13 岁	60 ~ 50

表3　苯丙氨酸摄入

年龄	摄入量(mg/Kg/d)
1 ~ 3 月	70 ~ 50
3 - 6 月	60 ~ 40
6 - 12 月	50 ~ 30
1 - 2 岁	40 ~ 20
2 - 3 岁	35 ~ 20
>3 岁	35 ~ 15

进行性肌营养不良症

进行性肌营养不良症是什么样的疾病?

进行性肌营养不良症是一种原发横纹肌的遗传性疾病。临床上主要表现为由肢体近端开始的两侧对称性的进行性加重的肌肉无力和萎缩,个别病例尚有心肌受累。有人报道进行性肌营养不良约占神经系统遗传病的 29. 4% ,是神经肌肉疾病中最多见的一种。

进行性肌营养不良症,是一种随着年龄增长,肌肉逐渐萎缩,使行

动能力渐渐消失直至完全丧失生活自理能力的疾病。患者最终只能眼睁睁地等待着自己由于心肌衰竭而死亡,国际医学界形象地称之为"渐冰人"。

进行性肌营养不良症有不同类型?

进行性肌营养不良症有不同类型,它们的临床症状、疾病严重程度、功能损害、预后也不相同。

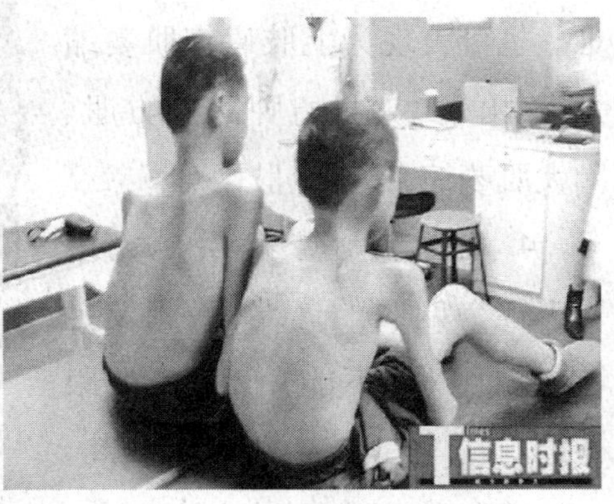

苯丙酮尿症患儿脑部发育明显异常

http://gd.sohu.com/20060331/n242571275.shtml

1. 假肥大型肌营养不良症:分为严重的杜兴型和良性的贝克型,前者发病率大致为出生3500个男婴中有1名患儿(女婴一般不发病),出生后正常,开始走路时间较晚,行走缓慢易摔倒。3岁左右出现症状,走路时左右摇摆似鸭步,腰部前凸,仰卧起立时必先翻身俯卧,以双手掌撑地成跪位,再双手撑膝盖、大腿才能直立。蹲下起立时双手均需支撑膝盖才能起立。7岁以后症状一年比一年重,14岁以前丧失行走能力,大部分患者在25~30岁以前因呼吸感染、心力衰竭或慢性消耗而死亡。贝克型肌营养不良比杜兴型少,常在5~25岁期间缓慢起病,病程较长,多在起病后15~20年才不能行走。本症占该病总数的95%以上。

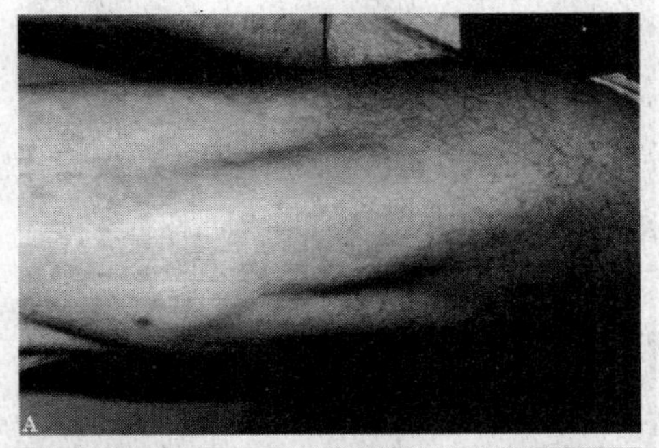

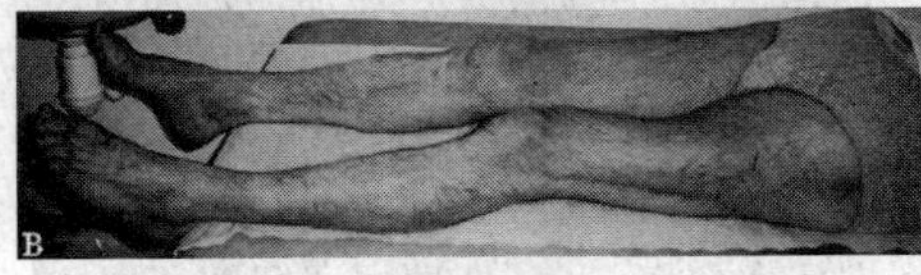

渐冰人

http://www.neurology.org/cgi/content-nw/full/64/4/636/F114

2. 面肩肱型肌营养不良症：表现为面部表情肌、肩部肌肉及上臂肱二、三头肌萎缩无力，可出现双眼闭合无力，吹哨、鼓腮、双肩上抬困难。

3. 肢带型肌营养不良症：表现为骨盆带肌肉萎缩无力，走路呈鸭步，患者上楼、蹲下起立困难。也可表现为上肢肩带肌萎缩无力，出现“翼状肩胛”、斜方肌、胸大肌萎缩，抬举上肢困难。

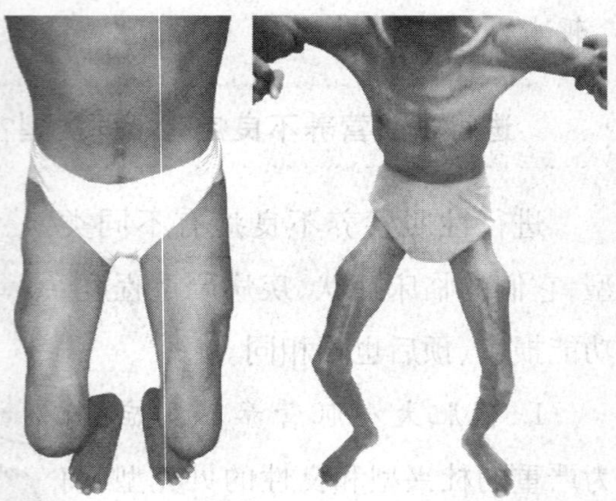

肌营养不良症肌肉萎缩

4. 远端型肌营养不良症：主要表现为四肢的远端，手肌及足背伸屈困难，不能用足尖、足跟行走。

还有眼肌型，不过比较少见。

本病除假肥大型外，多数不影响其寿命。晚期患者可因严重肌肉萎缩而出现肢体挛缩和畸形。适当体育活动、按摩、体疗有助于改善肢体功能，延缓残废时间。

进行性肌营养不良症是如何遗传的？

假肥大型肌营养不良症在本病中较常见，是儿童中最常见的一类肌病，其致病基因在 X 性染色体上，属隐性遗传，几乎均影响男孩，女性很少发病，仅为致病基因携带者。

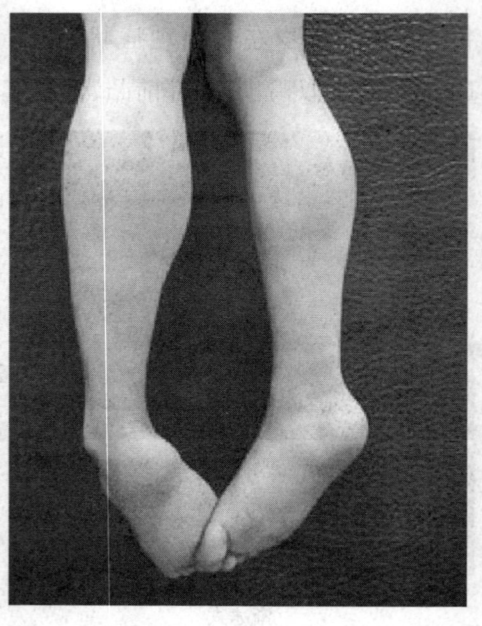

进行性肌营养不良症增粗的小腿

进行性肌营养不良症如何治疗?

目前还没有一种药物可以最终治疗假肥大型进行性肌营养不良,或控制疾病的发展。但他表示,有些药物和治疗方法有助于在一定时间内改善肌肉力量及改善功能。

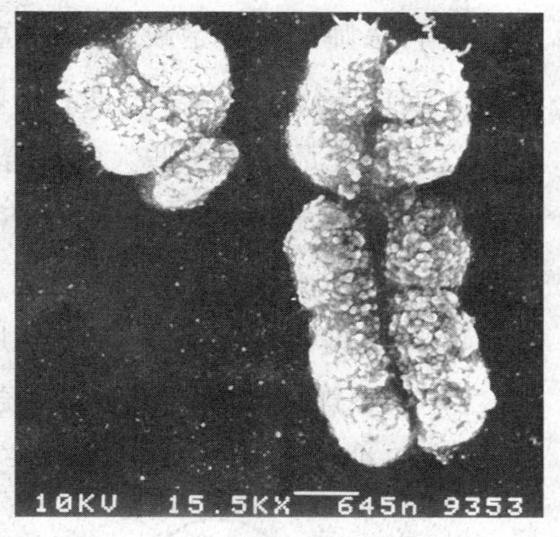

电镜下的Y染色体(左)X染色体(右)

http://www.sanger.ac.uk/Info/Press/2005/050

进行性肌营养不良的病因是基因突变,因此基因治疗为根本治疗,目前基因治疗还处于实验阶段。具体方法是用一载体(一种降毒的大病毒)携带所需要的基因片段,注射入患者体内,在细胞内此基因片段定位,自我整合、修补。目前,“转基因”治疗尚处于实验室阶段。

肌母细胞移植治疗肌营养不良的研究在国外进行了十多年,目前还没有确切的临床疗效。具体方法是:提取健康供体的骨骼肌细胞进行人工体外培养,培养成肌母细胞,然后将细胞点状移植入患者的四肢及躯干骨骼肌内,让其成活后手术成功。

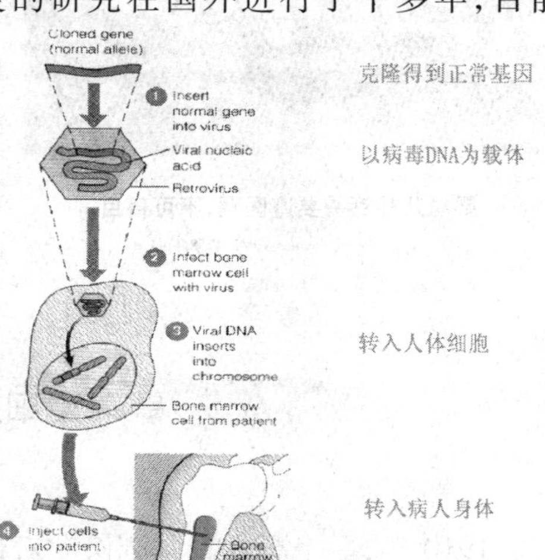

转基因治疗是治疗遗传病最彻底的方法

www.lmbe.seu.edu.cn/.../chapt10/10-4-4.htm

及早发现是关键

要做到及早发现进行性营养不良,必须避免认识上的三个误区:

①有些孩子开始走路的时间晚，走快时容易摔跤，不会跑，家长往往以为是缺钙，一些非专科医师也认为是缺钙了，需要补钙。实际上这是进行性肌营养不良的早期表现。遇到这种情况最好去一些大的综合医院看病，明确是否为肌营养不良所致，不要认为“软”就补钙。

补钙不可盲目

www.91sqs.com/5714/spacelist-blog-view-fav.html

②有些进行性肌营养不良患儿，因入托、上学或感冒、发烧，在查体的时候发现转氨酶增高，被误认为得了肝炎，甚至住进传染病院进行治疗，直至肌无力症状出现才被明确诊断。

婴幼儿补钙需要遵医嘱，不可盲目。

www.39.net/focus/jkjd/244758.html

③有些家长认为假肥大型进行性肌营养不良病人，预后都不好，常常会产生悲观情绪，不积极治疗。其实，假肥大型进行性肌营养不良可分为严重型和良性型，良性型发病晚，症状轻，甚至可完成大学教育，参加工作，有些病人有跟正常人相同的生存时间。

镰刀型细胞贫血症

1910年，一个黑人青年到医院看病，他的症状是发烧和肌肉疼痛，经过检查发现，他患的是当时人们尚未认识的一种特殊的贫血症，他的红细胞不是正常的圆饼状，而是弯曲的镰刀状。后来，人们就把这种病称为镰刀

型细胞贫血症。镰刀型细胞贫血症主要发生在黑色人种中，在非洲黑人中的发病率最高，在意大利、希腊等地中海沿岸国家和印度等地，发病人数也不少，在我国的南方地区也发现有这类病例。

镰刀型细胞贫血症的病因是什么？

镰刀型细胞贫血症是一种常染色体隐性遗传病。

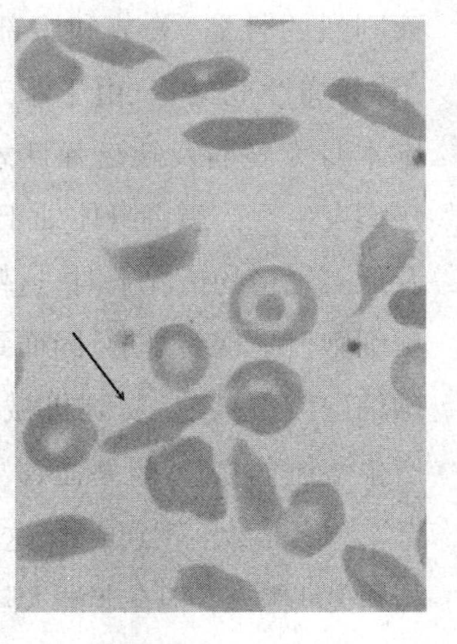

正常红细胞与镰刀型红细胞比较

http://www.healthsystem.virginia.edu/internet/hematology/hessidb/Red-cell-disorders.cfm

血红蛋白是红细胞的主要成分，执行着红细胞的主要功能——携带和输送氧气。因此，当血红蛋白分子的结构发生改变而影响到它的功能时，就会导致这种疾病。

血红蛋白是由四条多肽链各自连接一个血红素而构成的一种色素蛋白。例如，正常成人的血红蛋白（HbA）是由二条 α 链和二条 β 链相互结合而成的，为椭圆形的四聚体。α 链和 β 链分别由 141 个和 146 个氨基酸顺序连接构成，具有一定的立体结构。血红蛋白多肽链的合成是由其相应的基因所控制的。由于基因发生突变，以致形成镰刀型红细胞的异常血红蛋白（HbS）。根据研究表明，在整个多肽链的 574 个氨基酸中，大部分氨基酸是相同的，所不同的只是一个氨基酸的差异，即正常血红蛋白（HbA）中的一个谷氨酸（β 链第六位氨基酸）被缬氨酸所替代，从而构成了镰刀型红细胞的 HbS。这种差别如下：

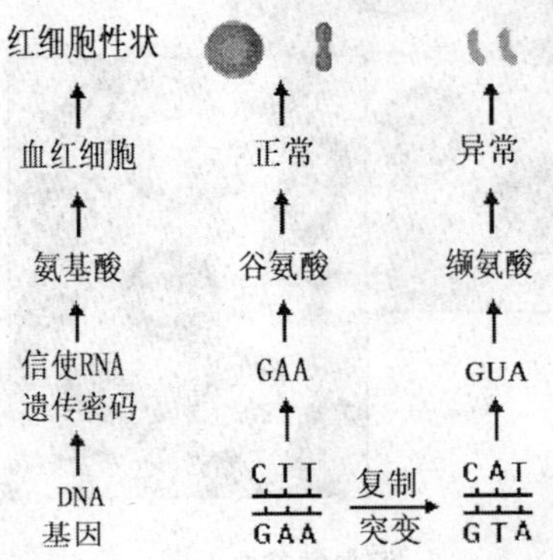

镰刀型细胞贫血症病因的图解

www.i3721.com/gz/tbjak/g2/g2sw/200606/69375.html

血红蛋白－A：缬·组·亮·苏·脯·谷

·谷·赖……

血红蛋白-S:缬·组·亮·苏·脯·缬·谷·赖……

镰刀型细胞贫血症有什么临床症状?

镰刀型细胞贫血症的患者常有严重而剧烈的骨骼、关节和腹部疼痛的感觉(称为痛性危象)。由于镰刀形红血球细胞本身太脆弱及缺乏弹性才会导致这个疾病发生。当患者身体处于脱水、受感染及低氧气量的情况下时,这些脆弱的红血球细胞会呈现新月形,因而致使这些红血球细胞破裂,容易受到机械损伤而破坏,产生溶血危象,或阻塞血管。

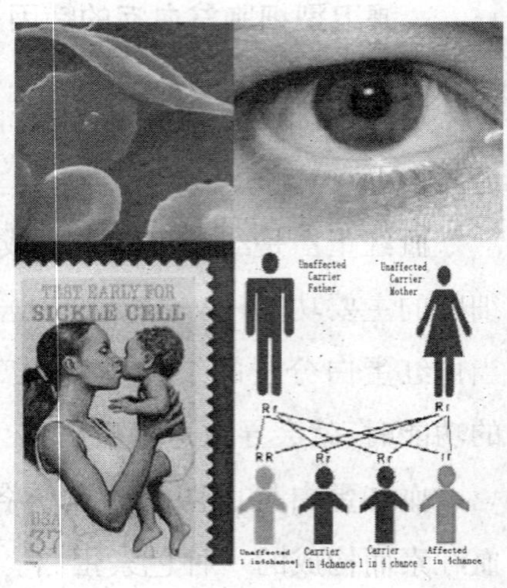

镰刀型细胞贫血症的遗传规律

http://bausch3.blogspot.com/2007/05/technology-application-2-molecular.html

患者多数活不到成年,这种病常见于非洲和美洲黑人。但在非洲大陆研究发现,具有镰刀形细胞特征的人比具正常性征的人更不容易罹患疟疾,真是有失必有得啊!

镰刀型细胞贫血症能治愈吗?

镰刀型贫血无法治愈,但还是有治疗方法的,包括抗癌药物 hydroxyurea、输血、骨髓移植等。Hydroxyurea 广泛用于重新激活 gamma 球蛋白的产生,替代血红蛋白中的失活组分—— beta 球蛋白。虽然这种方法不能治愈这种疾病,却可以帮助减轻疾病的症状。

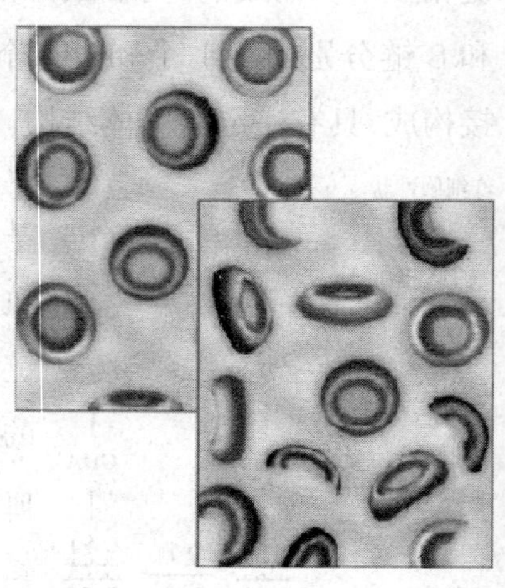

溶血性贫血

http://my.clevelandclinic.org/disorders/Hemolytic_Uremic_Syndrome/hic_Hemolytic_Uremic_Syndrome.aspx

地中海贫血

在“地中海贫血”症的高发地区，有这么一群孩子，从懂事的那一天起，就承受着死亡的威胁；有这么一些母亲，尽管她们用母爱与死神争夺，却很难改变孩子从出生那天起就已经注定的命运。

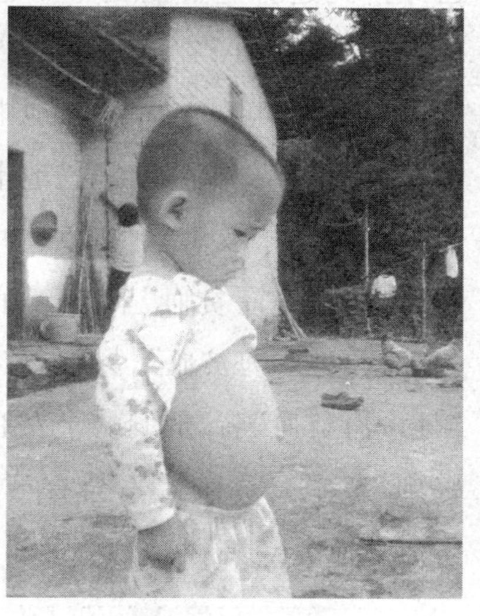

地中海贫血儿童

http://hi.baidu.com/dzhpx/album/item/fc7ae4fa1bf58f8258ee9011.html

地中海贫血是什么样的病？

“地中海贫血”是一种遗传性血液病，是一类由于基因缺陷引起珠蛋白链合成障碍，使一种或几种珠蛋白数量不足或完全缺乏，因而红细胞易被溶解破坏的溶血性贫血。

正常成人血红蛋白中的珠蛋白，是由四条肽链所组成的，本病是由于珠蛋白基因的缺失或点突变所致。组成珠蛋白的肽链有4种，即α、β、γ、δ链，分别由其相应的基因编码，这些基因的缺失或点突变可造成各种肽链的合成障碍，致使血红蛋白的组分改变。通常将地中海贫血分为α、β、γ和δ等4种类型，其中以β和α地中海贫血较为常见。

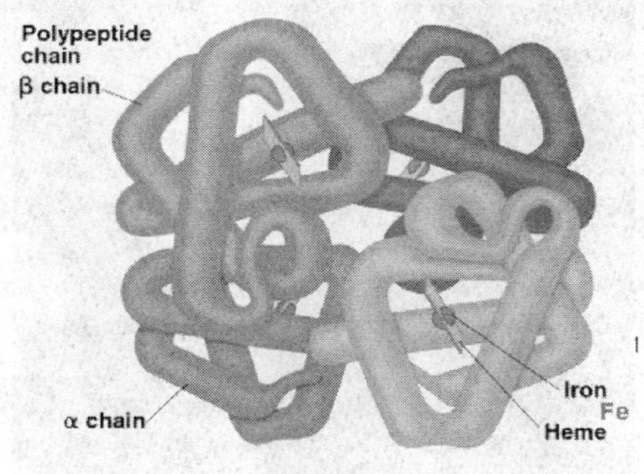

血红蛋白的珠蛋白的肽链组成

http://porpax.bio.miami.edu/~cmallery/150/chemistry/organic.htm

临床上几乎看不到5岁以上的患重型“地中海贫血”的孩子，病人大多在3岁以前就离开了人世。

父母没有病，会生出患地中海贫血的孩子来吗？答案是会！也许你已经猜到这种遗传病是常染色体上的隐性遗传病了。

地中海贫血症不是仅在地中海地区出现

https://resourcesforhistoryteachers.wikispaces.com/7.24?f=print

如果夫妇双方都带有"地中海贫血"基因，即两人都是轻型"地中海贫血"，他们的子女就会有25%的可能是重型"地中海贫血"和50%的可能是轻型"地中海贫血"，另有25%的可能是正常孩子；如果只有一方是轻型"地中海贫血"者，他们的子女有50%的可能是正常小孩和50%的可能是轻型"地中海贫血"，不会有重型"地中海贫血"小孩。

为什么叫地中海贫血？

地中海贫血于1925年由Cooley和Lee首先描述，最早发现于地中海区域，当时称为地中海贫血，国外亦称海洋性贫血。实际上，本病遍布世界各地，以地中海地区、中非洲、亚洲、南太平洋地区发病较多。在我国以广东、广西、贵州、四川为多。有关部门曾对广西近40个县共10多万中小学生及幼儿园孩子进行抽样调查发现，"地中海贫血基因"携带者高达20%！

地中海贫血患者特殊面容

http://www.savebabies.org/familystories/malikSCD.php

地中海贫血的临床症状是怎样的?

"地中海贫血"分为重型、中间型和轻型。重型"地中海贫血"多数是死胎或出生后因重度贫血很快死亡。中间型"地中海贫血"表现为肝脾大、骨质疏松、眼距宽、扁鼻梁等特殊面容,也极易因长期输血造成体内铁质沉积而死亡。重型"地中海贫血"更如艾滋病一样可怕。

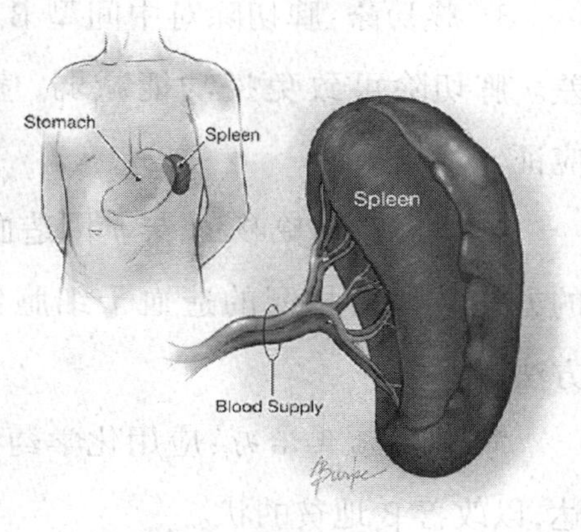

切除脾脏可对部分地中海贫血症有疗效

http://www.medem.com/medlb/article_detaill

地中海贫血如何治疗?

轻型地贫无需特殊治疗。中间型和重型地贫应采取下列一种或数种方法给予治疗。

1. 一般治疗:注意休息和营养,积极预防感染,适当补充叶酸和维生素 E。

2. 输血和去铁治疗:此法在目前仍是重要治疗方法之一。少量输注红细胞法仅适用于中间型 α 和 β 地贫,不主张用于重型 β

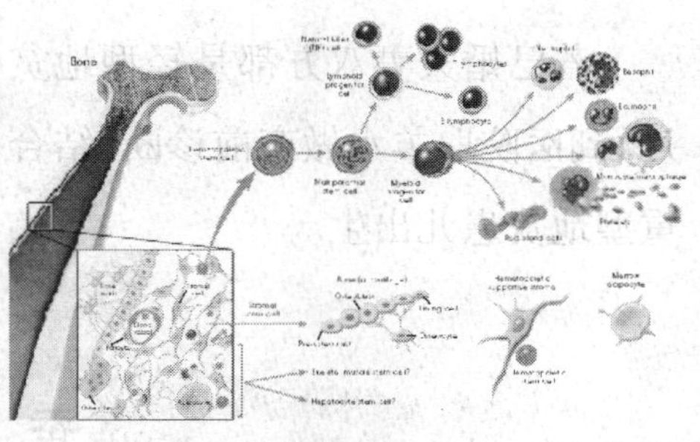

造血干细胞及分化

stemcells.nih.gov/info/basics/basics4.asp

地贫。对于重型 β 地贫应从早期开始给予中、高量输血,以使患儿生长发育接近正常和防止骨骼病变。

其方法是:先反复输注浓缩红细胞,使患儿血红蛋白含量达 120 ~ 150g/L;然后每隔 2 ~ 4 周输注浓缩红细胞 10 ~ 15ml/kg,使血红蛋白含量

维持在 90 ~ 105g/L 以上。但本法容易导致含铁血黄素沉着症，故应同时进行去铁治疗。

3. 脾切除：脾切除对中间型 β 地贫的疗效较好，对重型 β 地贫效果差。脾切除可致免疫功能减弱，应在 5 ~ 6 岁以后施行并严格掌握适应证。

4. 造血干细胞移植：异基因造血干细胞移植是目前能根治重型 β 地贫的方法。如有相配的造血干细胞供者，应作为治疗重型 β 地贫的首选方法。

5. 基因活化治疗：应用化学药物可增加 γ 基因表达或减少 α 基因表达，以改善 β 地贫的状。

降低地贫发生率的唯一方法只有通过婚检和产检中的地贫筛查，目的是防止重型地贫的出现。婚检可在婚前检出双方有无地贫，尽量避免两个患同样类型的轻型地贫患者结婚，这是防止下一代患重型地贫的最佳办法。

若已婚夫妻双方都是轻型地贫，则需通过产检，在怀孕早期(2 ~ 4 个月)到医院取羊水做产前诊断，结合 B 超检查，判断胎儿是否正常，以防止重型地贫患儿出生。

蚕豆病

每年四五月份蚕豆上市季节，有些小孩进食蚕豆后会出现黄疸、贫血、面色苍白、小便呈酱油色等症状，甚至引发多个脏器衰竭致死，这种病发病凶险，由于是吃蚕豆引起的，以黄疸为主要症状，因而叫“蚕豆病”，俗称“蚕豆黄”。

蚕豆病是什么样的病?

蚕豆症的正式医学名称为“葡萄糖-6-磷酸盐脱氢酵素缺乏症”(G6PD)。这是一种先天性的疾病,在台湾的客家人,罹患蚕豆症的比例比其它人稍高。这些病人的红血球里,缺乏一种酵素:葡萄糖-6-磷酸盐脱氢酵素,当身体接触到某些成分或化学药品时,红血球很容易发生溶血反应。

此病可以遗传给下一代,规律是:父亲患病,可以传给女儿,不传给儿子,母亲患病,可以将病传给约半数女儿和儿子;从遗传规律你就知道是什么类型的遗传病了吧?对,是X-染色体上的隐性遗传病。

父或母有这种酶缺乏时,婴儿出生时应留脐带血检查,并及早采取措施,以防新生儿黄疸加重,影响智力发育。

由于G6PD缺乏属遗传性,所以40%以上的病例有家族史。本病常发生于初夏蚕豆成熟季节,因南北各地气候不同而发病有迟有早。绝大多数病人因进食新鲜蚕豆而发病,容易有出血现象。

吃蚕豆还得注意自己会不会受其害

http://www.cy2688.cn/news_detail.php?

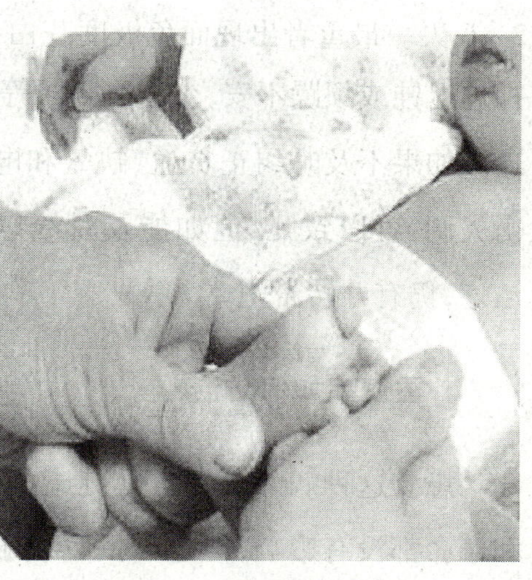

蚕豆病患者食用会引起黄疸

蚕豆病发病症状如何?

蚕豆病起病急遽,大多在进食新鲜蚕豆后1～2天内发生溶血,最短者只有2小时,最长者可相隔9天。如因吸入花粉而发病者,症状可在数分钟内出现。潜伏期的长短与症状的轻重无关。如无适当治疗,病情严重者可因急性贫血、钾中毒和急性肾功能衰竭,导致死亡。如能及时采取适当的治疗措施,多数病人病情能迅速好转,脱离危险。

蚕豆病患者吸入蚕豆花粉也会发病

本病的贫血程度和症状大多很严重。症状有全身不适、疲倦乏力、畏寒、发热、头晕、头痛、厌食、恶心、呕吐、腹痛等。巩膜轻度黄染,尿色如浓红茶或甚至如酱油。一般病例症状持续2～6天。最重者出现面色极度苍白,全身衰竭,脉搏微弱而速,血压下降,神志迟钝或烦躁不安,少尿或闭尿等急性循环衰竭和急性肾功能衰竭的表现。如果不及时纠正贫血、缺氧和电解质平衡失调,可以致死;但如能及时给以适当的治疗,仍有好转希望。

蚕豆病如何防治?

患有这种病的人平素是健康的,对生命和寿命都没有影响,但吃了蚕豆或服用了某些药物(如解热镇痛药、磺胺药、抗疟药等)

后1～3天可出现面色苍白或黄疸、尿呈茶色或酱油色症状，即发生溶血现象，偶尔也会在流感、肝炎、肺炎、伤寒等病过程中发生。遇到上述情况应立即求医，严重时要输血，只要能及时发现和处理，一般是不会有危险的。

解热镇痛药也会引起蚕豆病患者发病

樟脑丸中的萘会引起蚕豆病患者溶血

凡曾患蚕豆病或有蚕豆病家族史的人，均应忌食蚕豆，尤其是7岁以下的男孩更应多加注意。此外，还应采取适当的方法降低蚕豆的致病作用，比如：将蚕豆多次水煮后弃水食用，蚕豆与田艾同煮后食用，加工处理或制成成品食用。若发现小儿食入蚕豆后出现可疑症状，特别是皮肤泛黄，应及时就诊，以策安全。

蚕豆病患者生活中应注意什么？

在日常生活里，蚕豆症病人要注意几件事，包括避免吃蚕豆，衣柜及厕所里不可以使用樟脑丸，受伤时不要使用含龙胆紫的消毒水，例如紫药水，以及有病时不可以自行服用成药，应该请教医师或药师。看病吃药前，也要先告知医师或药师，自己患有蚕豆症。

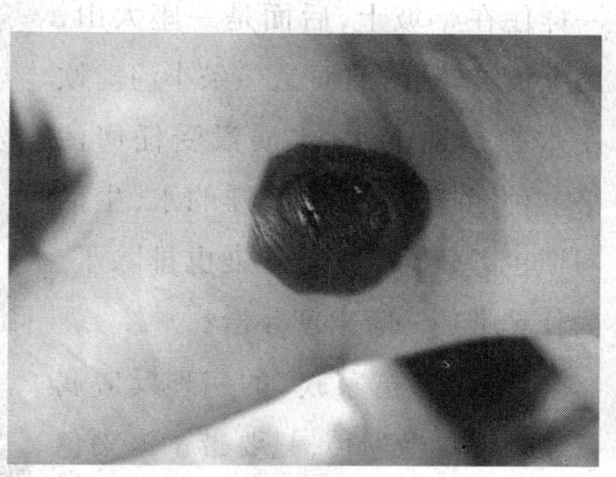
蚕豆病患者慎用紫药水

http://hi.baidu.com/非絮不飞/album/item/45c6552d15662e2f359bf763.html

有“蚕豆病”病史者，不能进食蚕豆及其制品（如粉丝、豆瓣酱），亦不能使用可能引起溶血的药物，如抗疟疾药（伯氨喹啉、奎宁）、退热药（氨基比林、非那西丁）、痢特灵、磺胺类药物，如果收藏衣物使用了樟脑丸，穿以前要曝晒，因为萘也可引起溶血。

并　指

某山区有个“并指家族”——一个家族三代人中，六人出现并指现象。因为患上并指，他们无法像常人一样劳动，还要遭受各方压力。他们艰难地生活着……

为什么一个家族会出现这么多并指？

是近亲结婚，还是环境所致？他们家族几代以内均没近亲结婚史，近亲排除了。居住地的地理环境也没有什么特别之处，与同村的其他人家一样住在半坡上，后面是一座大山，山上植被较好，前面是一条小河。饮用水都是地下水，水质没受任何污染。种同样的地，饮同样的水，生活习惯也差不多，环境污染也排除了。为什么唯独一家出现并指？

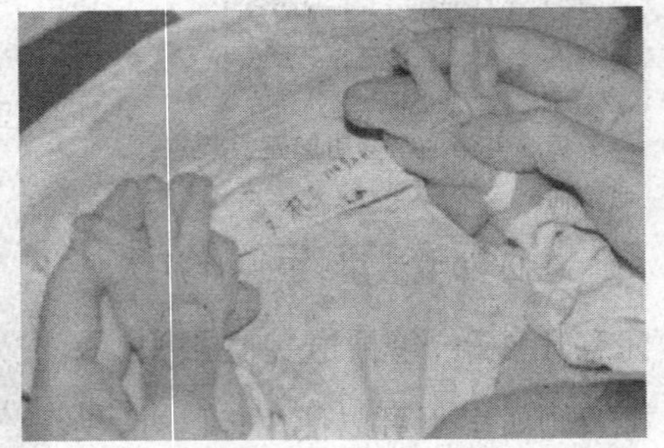

原来“并指家族”的病理反应属常染色体显性遗传，只要带了该染色体病理基因的人，其特征是：不论男女都会发病，且代代遗传，其发病机

率为二分之一。遗传发病的病人，都会出现骨发育畸形。

什么是并指？

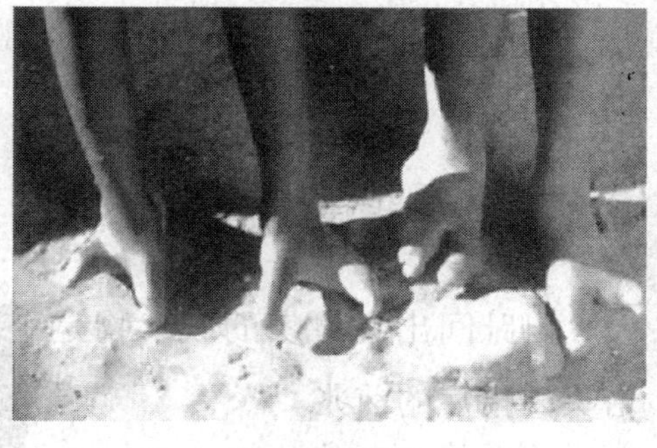

并指类型

父（患者）　母（正常）

子（患者）　子（正常）　女（正常）　女（患者）

显性遗传规律

先天性并指亦称蹼指，最常见的是第3、4指互相融合连为一体，拇指极少累及。

常与并趾、多指（趾）、指（趾）或前臂（小腿）缩窄环以及同侧胸大肌发育不良或缺如等畸形合并存在，并指也可为某综合征的手指表现。

其类型包括：单一并指、多指并指、不完全并指、完全并指、单纯并指、复杂并指、手套样并指等。畸形有三型：①外在软组织现为块与骨不连接没有骨关节或肌腱；②肯有手指所有条件附着于第掌骨头或分叉的掌骨头；③完整的外生手指及掌骨。

并指能采用手术矫正吗？

先天性并指的生成是在胚胎第7~8周时，掌板远端、各指间分离不全所致。可以采用手术分离。一般宜在3岁以后至学龄前的期间内施行为宜。手术方法包括并指分离、指蹼形成、创面修复等主要步骤。

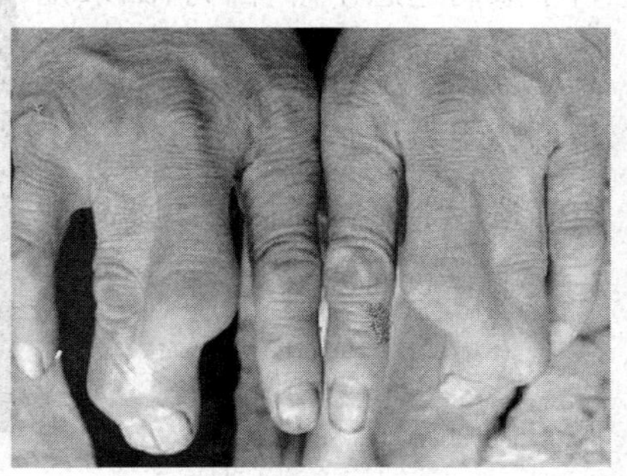

并指

http://news.hsw.cn/gb/news/2007-05/22/content_6297780.htm

术中需特别注意血管与神经的解剖异常,防止误伤。术后督促患儿的手指功能锻炼至关重要。

塔头并指症是怎么回事?

脚趾间出现厚实的膜状物是塔头并指症的前兆。

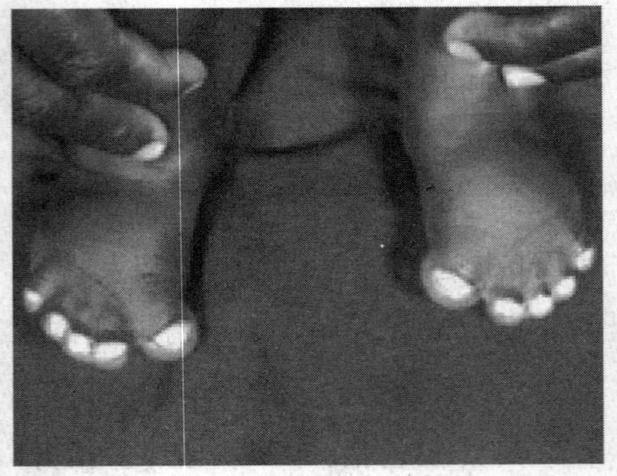

塔头并指

http://scitech.people.com.cn/GB/6189663.html

塔头并指症会使人的头骨、手指及脚趾发育畸形,大约每15万新生儿中就有一人患有此症,并且绝大多数患者都是由于基因突变造成的。

科学家研究发现,导致塔头并指症的突变,即与骨生长有关的基因的DNA序列的微小的变化,在精子中出现的次数比预想的要高出100~1000多倍。这令科学家们迷惑不解,因为,如果说突变是随机的,那么在精子中出现的频率为何如此之高?

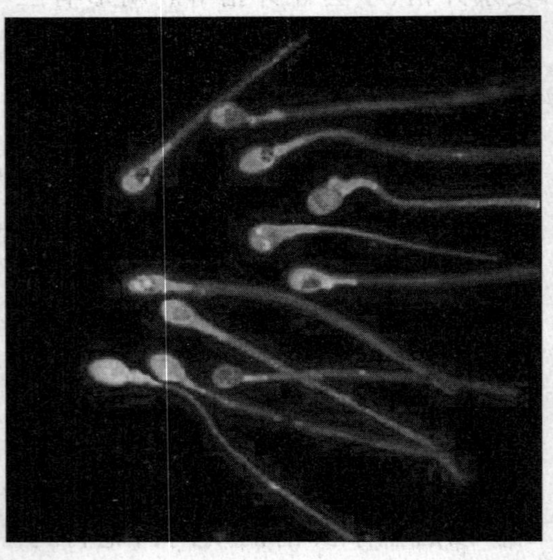

塔头并指是由问题精子引起的

http://www.tianjindaily.com.cn/hotnews/content/2006-12/11/content_78117_10.htm

遗传学家曾经提出了两种理论来解释这种现象:一种称作突变热点模型,认为当DNA复制时,某个位点非常容易出错;另一种称作自私精子模型,认为某个DNA某个位点会使细胞获得生长

优势,所以一旦精原细胞偶然发生突变,突变细胞就会大量生长起来。

多 指(趾)

一般人都是 10 个手指,10 个脚趾,但有些人却比常人多那么一两个手指或脚趾,甚至有多六七个的也有。有一名 1 男孩因患有先天性多指畸形症,手脚加起来竟有 27 个指头。

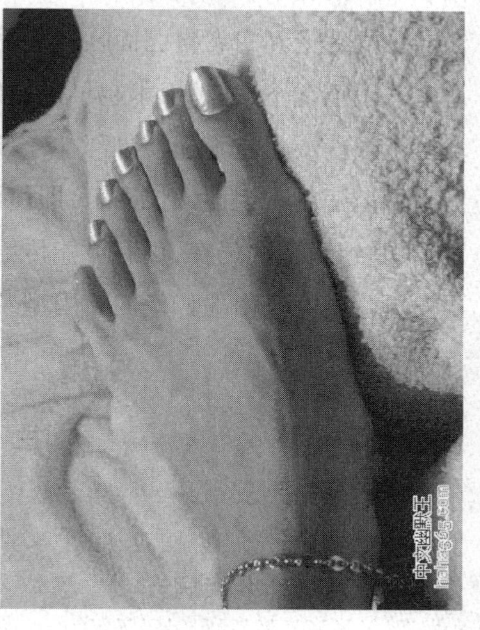

七 趾

http://www.75145.com/html/lingleiqitu/20061018/1700.html

多指多在哪里?

多指症为中国人最多见的手部先天畸形,凡以长在大拇指旁边的最为多见,其次为小指旁边长出者,也有自其它指头旁边长出来的。

依据多指(趾)累及全部或部分手指,将多指症分为 3 种类型:Ⅰ型:单纯多余的软组织块或称浮指。Ⅱ型:具有骨和关节正常成分的部分多指。Ⅲ型:具有完全的多指。

残留性多指症指在正常指面长出一附加指,俗称六指。

本病为常染色体显性遗传,如果双亲的一方是多指(基因型 AA 或 Aa),他们的子女就会都患多指症或－半患多指症。但男性发病明显多于女性。

多指可以采用手术方法切除吗?

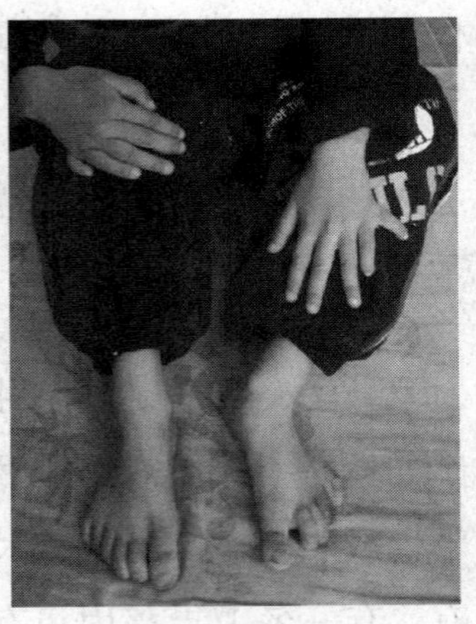

手脚各长六指的女童

http://shuangyashan.northeast.cn/system/200

由于多指(趾)症不危及人的健康和身体的正常发育,只是外观难看一点,故可不治疗,做不做手术都无所谓,做不做整形手术完全取决于患者自己的感受和患者自己面临的实际情况。

一般情况下,这种手术越早做越好。只要手术时不损伤或尽量不损伤脚部神经,通常是不会留下后遗症的。但话又说回来,即使做了手术整了形,其致病基因仍在,仍有可能传给下一代,其再发风险率完全由夫妇俩的基因型及遗传方式的类型决定。

色　盲

色盲是什么疾病?

色盲是一种先天性色觉障碍疾病。色觉障碍有多种类型,最常见的是红绿色盲。根据三原色学说,可见光谱内任何颜色都可由红、绿、蓝三色组成。如能辨认三原色都为正常人,三种原色均不能辨认都称全色盲。辨认任何一种颜色的能力降低者称色弱,主要有红色弱和绿色弱。如有一种原色不能辨认都称二色视,

我国现行的驾驶员管理办法一直禁止赤绿色盲的人考取机动车驾驶证,对这一规定现在越来越多的人表示质疑。

www.ycwb.com/.../2006-07/29/content_1174531.htm

主要为红色盲与绿色盲。红绿色盲情况极为常见。由于患者从小就没有正常辨色能力,因此不易被发现。由于红绿色盲患者不能辨别红色和绿色,因而不适宜从事美术、纺织、印染、化工等需色觉敏感的工作。在交通运输中,若工作人员色盲,他们不能辨别红绿灯信号,就可能导致严重的交通事故。

色盲的的世界与正常人的世界有什么不一样?

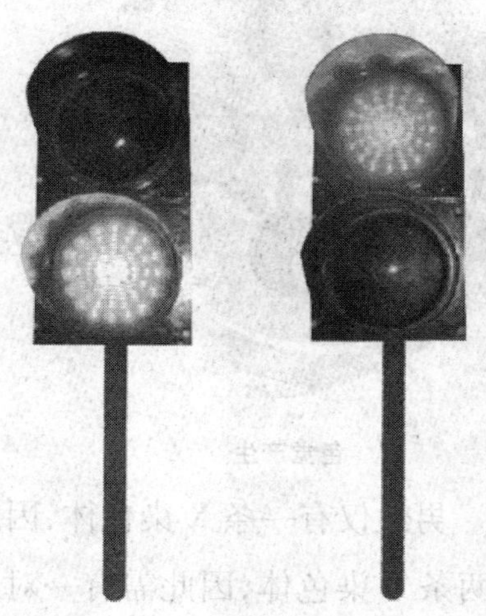
红绿灯的红绿色光对比度强,即使红绿色盲一般情况下可以正确分辨的

七彩世界在全色盲者眼中是一片灰暗,如同看黑白电视一般,仅有明暗之分,而无颜色差别,而且所见红色发暗、蓝色光亮、这是色觉障碍中最严重的一种,患者较少见。

红色盲(第一色盲)患者主要是不能分辨红色,对红色与深绿色、蓝色与紫红色以及紫色不能分辨。常把绿色视为黄色,紫色看成蓝色,将绿色和蓝色相混为白色。曾有一老成持重的中年男子买了件灰色羊毛衫,穿上后招来嘲笑,原来他是位红色盲患者,误红色为灰色。

绿色盲(第二色盲)患者不能分辨淡绿色与深红色、紫色与青蓝色、紫红色与灰色,把绿色视为灰色或暗黑色。一美术训练班上有位画画很好的小朋友,总是把太阳绘成绿色,树冠、草地绘成棕色,原来他是绿色盲患者。临床上把红色盲与绿色

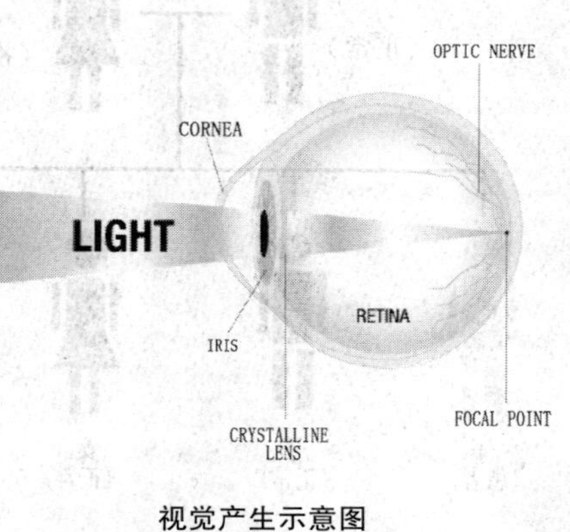

视觉产生示意图
www.visioninfocus.com/110.asp

盲统称为红绿色盲,患者较常见。我们平常说的色盲一般就是指红绿色盲。

蓝黄色盲(第三色盲)患者蓝黄色混淆不清,对红、绿色可辨。

色盲的病因是什么?

眼睛之所以能辨认颜色,是由于眼睛存在三种能辨色的椎状细胞,这三种椎状细胞能分别吸收蓝、绿和红色的光。当椎状细胞受到损伤或发育不全时,就有可能造成色盲。

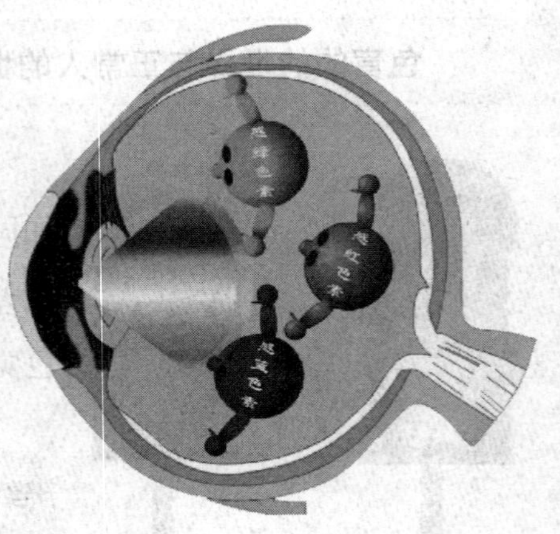

色觉产生

红绿色盲决定于 X 染色体上的两对基因,即红色盲基因和绿色盲基因。由于这两对基因在 X 染色体上是紧密连锁的,因而常用一个基因符号来表示。红绿色盲的遗传方式是 X 连锁隐性遗传。男性仅有一条 X 染色体,因此只需一个色盲基因就表现出色盲。女性有两条 X 染色体,因此需有一对致病的等位基因,才会表现异常。因而男性患者远多于女性患者,据调查我国人群中红绿色盲男性发病率为 7%,女性发病率为 0.5%。

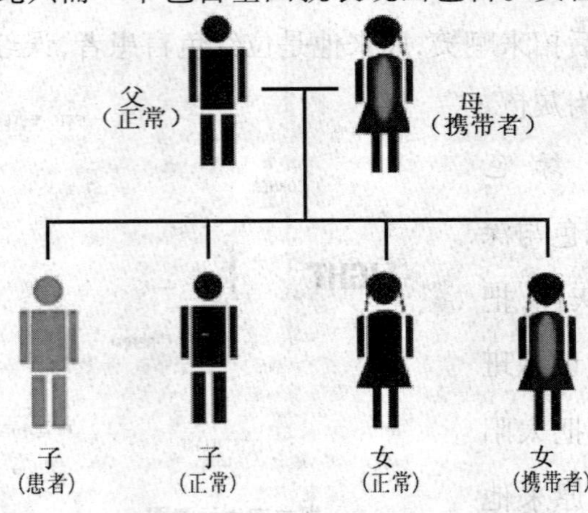

父亲正常母亲携带者遗传图谱

但有些色盲则与视神经和脑的病变有关,或由于接触某些化学物质导致。也有与视网膜、视神经病变有关,如外伤、青光眼等。

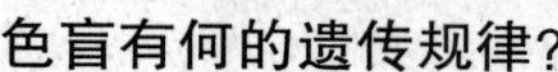

色盲有何的遗传规律?

如果丈夫为色盲患者,妻子为正常人,那么可以选择生一个男孩,这个男孩一定是个正常人,如果生女孩,她一定是个基因携带者,当她再生育时,即便她的丈夫正常,他们生育的女孩1/2是携带者,男孩1/2是病人;如果她与一个色盲患者婚配,生育的男孩1/2是病人,1/2是正常人,女孩中1/2是色盲患者,1/2是色盲携带者。

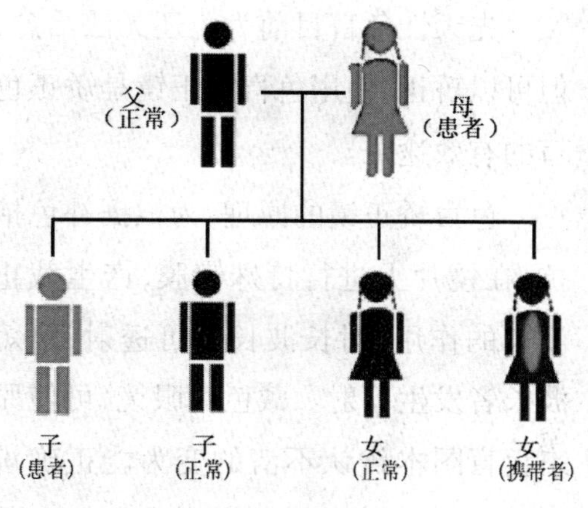

母亲色盲父亲正常遗传图谱

如果妻子是色盲患者,丈夫正常,生女儿是最佳的选择,因为他们生育的女孩全部为携带者,男孩全部为色盲患者。

如果妻子为色盲基因携带者,男方正常,生育的女孩1/2是携带者,男孩1/2是病人。最好在妊娠期间到有条件的医院做基因检查,以保证生一个健康的孩子。

父亲色盲母亲正常遗传图谱

如果妻子为色盲基因携带者,男方是色盲患者,他们生育的男孩1/2是色盲患者,1/2是正常人;女孩中1/2是色盲患者,1/2是基因携带者。在生育前也需要行基因检查。

色盲可以治疗吗?

先天性色盲目前为止还无法治愈，但可以矫正，使用色盲矫正镜是矫正色盲的有效途径。

色盲者可通过佩戴色盲矫正镜辨别颜色

0229985919. travel - web. com. tw/

色盲矫正镜的原理，为根据补色拮抗，在镜片上进行特殊镀膜，产生截止波长的作用，对长波长者可透射，对短波长者发生反射。戴色盲眼镜，可使原来色盲图本辨认不清的变为能正确辨认，达到矫正色觉障碍的效果。色盲矫正镜分隐形眼镜式和普通宽架式。

你知道吗 - 色盲不为人知的优势

第二次世界大战的时候，色盲者被盟军大量征入伍，因为色盲者对色彩的明暗度的分辨能力非常强，色盲者可以看到敌人的穿的保护色与周围环境的色彩明暗度的差别，从而可以将敌人所在位置指出，这就是为什么色盲的人可以分辨交通红绿灯的道理。另外，色盲者比正常色觉的人更加细心，能看出事物的细微差别。

色盲发现者——道尔顿

http://www.daviddarling.info/encyclopedia/D/Dalton.html

道尔顿与色盲

18 世纪英国著名的化学家兼物理学家道尔顿，在圣诞节前夕买了一件礼物——一双“棕灰色”的袜子，送给妈妈。妈妈看到袜子后，感到袜子的颜色过于鲜艳，就对道尔顿说:“你买的这双樱桃红色的袜子，让我怎么穿呢?”道尔顿感到非常奇怪，袜子明明是棕

灰色的，为什么妈妈说是樱桃红色的呢？疑惑不解的道尔顿又去问弟弟和周围的人，除了弟弟与自己的看法相同以外，被问的其他人都说袜子是樱桃红色的。道尔顿对这件小事没有轻易地放过，他经过认真的分析比较，发现他和弟弟的色觉与别人不同，原来自己和弟弟都是色盲。道尔顿虽然不是生物学家和医学家，却成了第一个发现色盲症的人，也是第一个被发现的色盲症患者。为此他写了篇论文《论色盲》，成为世界上第一个提出色盲问题的人。后来，人们为了纪念他，又把色盲症称为道尔顿症。

道尔顿因给母亲买袜子而发现红绿色盲

血友病

血友病历史

1840 年 2 月，21 岁的维多利亚女王和她的表哥（舅舅的二子）阿尔伯特结婚，当时谁也没有想到，这场婚姻会给她的个人生活带来巨大的不幸。他们一共生下了 9 个孩子，四男五女，4 个男孩子有 3 个患有遗传病——血友病，女孩子也是血友病基因的携带者。她的 3 位王子都是两岁左右发病。这是一种稍有碰撞即出血不止的疾病。当时的医学界对此毫无办法，连最高明的医生也束手无策，结果一个个都短命早夭。

维多利亚女王是色盲基因携带者

http://www.britannica.com/EBchecked/topic - art/627603/76076/Queen - Victoria - 1890

所幸的是5位公主却都美丽健康，也像她们的母亲一样聪明，于是不少国家的王子都前来求婚，他们都为能得到维多利亚女王的女儿而感到无上的光荣和自豪。然而当她们先后嫁到了西班牙、俄国和欧洲的其他王室后，她们所生下的小王子也都患上了血友病。这件事把欧洲许多王室都搅得惶恐不安，所以当时把血友病称为“皇室病”。

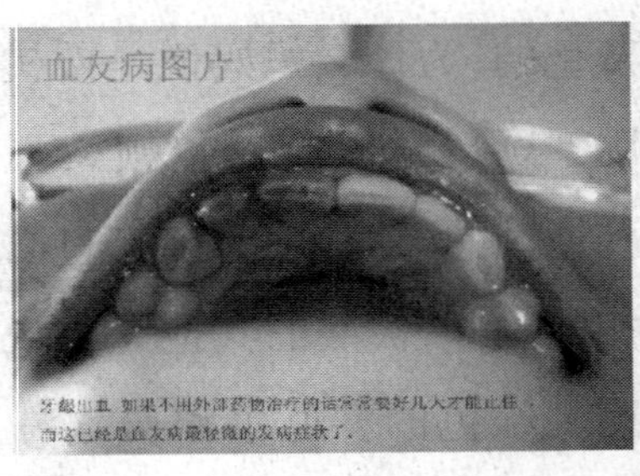

牙龈出血如果不用外部药物治疗的话常常要好几天才能止住，而这已经是血友病最轻微的发病症状了。

血友病是什么样的病啊？

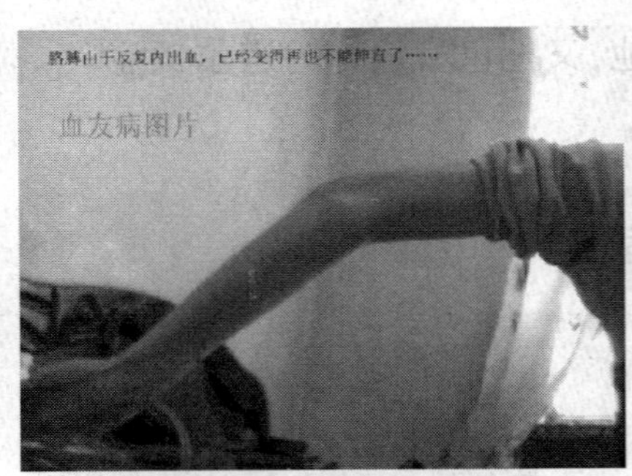

胳膊由于反复内出血，已经变得再也不能伸直了。

血友病是一种“伴性遗传”疾病，也就是说，这种病与人的性别有关。该病的基因就位于细胞中的X染色体上，该病的遗传规律与色盲是一样的。

造成“皇室病”的原因，主要还是近亲结婚。维多利亚女王的丈夫是她的表哥，她的子女以至孙子、孙女、外孙、外孙女，也都是在欧洲的皇室中通婚，这个人群中的人数并不多，虽然可以“门当户对”，保持王室血统的“纯洁”，但是也给遗传病创造了“搭车上路”的条件。

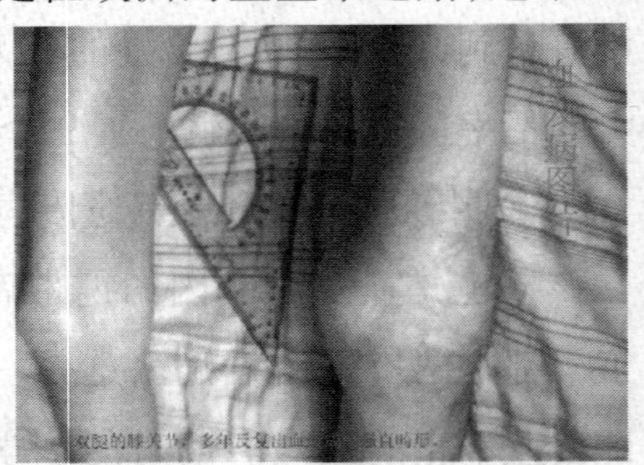

双腿的膝关节，多年反复出血造成的强直畸形。

血友病临床表现是怎样的？

正常人血液凝固涉及十几种“凝血因子”，但只要缺乏其中一种或数种均可导

致血液凝固障碍而导致出血性疾病。血友病发病原因是由于患者的血液中先天缺乏某种“凝血因子”,根据缺乏因子的不同分为三种类型:血友病甲(缺乏凝血因子Ⅲ,又称血友病A)、血友病乙(缺乏凝血因子Ⅸ,又称血友病B)和血友病丙(缺乏凝血因子Ⅺ)。

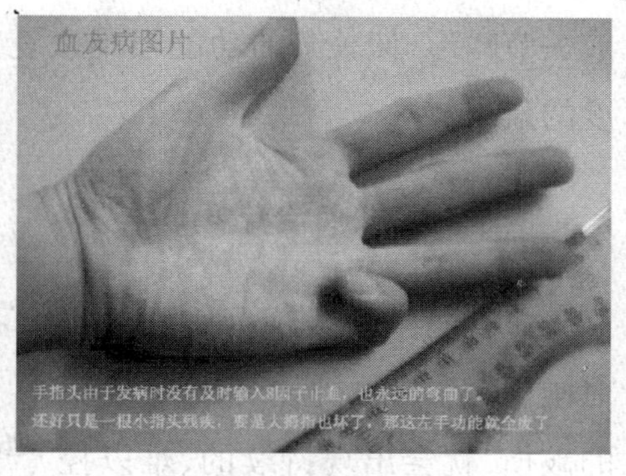

手指头由于发病时没有及时输入8因子止血,也永远的弯曲了。还好只是一根小指头残疾,要是大拇指也坏了,那这左手功能就全废了。

1万人中大约会有1名甲型血友病患者,3.5万人中大约会有1名乙型血友病患者,而丙型血友病患者则很罕见。通常所说的血友病是指血友病甲。

患者的血管破裂后,血液较正常人不易凝结,因而会流去更多的血。体表的伤口所引起的出血通常并不严重,而内出血则严重得多。内出血一般发生在关节、组织和肌肉内部。当内脏出血或颅内出血发生时,常常危及生命。

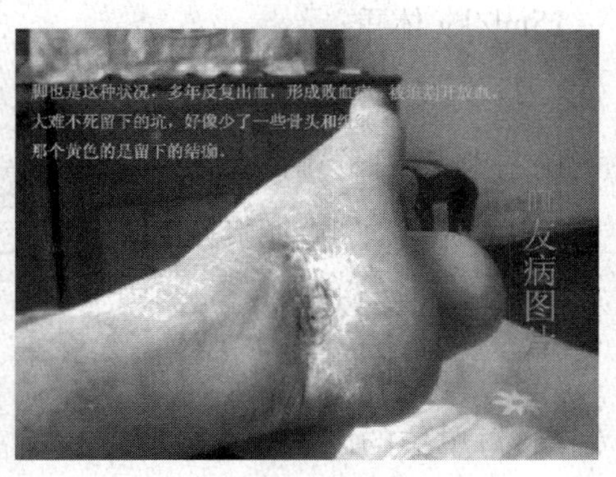

脚也是这种状况,多年反复出血,形成败血症,被迫割开放血。大难不死留下的坑,好像少了一些骨头和组织,那个黄色的是留下的结痂。

关节出血在血友病患者中是很常见的,最常出血的是膝关节、肘关节和踝关节。血液淤积到患者的关节腔后,会使关节活动受限,使其功能暂时丧失,例如膝关节出血后患者常常不能正常站立行走。淤积到关节腔中的血液常常需要数周时间才能逐渐被吸收,从而逐渐恢复功能,但如果关节反复出血则可导致滑膜炎和关节炎,造

成关节畸形,使关节的功能很难恢复正常,因此很多血友病患者有不同程度的残疾。

血友病如何治疗?

血友病主要表现为特殊的出血倾向,病人的机体只要有轻微的破损,就会出现持续的、难以控制的出血。

该病目前还无法根治,为终生性疾病,只能对症治疗,主要方法有:

1. 输血浆:为轻型病例的首选疗法,输入1000ml新鲜血浆可使因子Ⅷ含量提高至正常的20~25%,一次输血剂量不宜超过10~15ml/kg体重。

2. 冷沉淀物:冰冻冷沉淀制剂中每袋含因子Ⅷ的活性平均为100u,可使因子Ⅷ血浆浓度提高到正常的50%以上。

3. 因子Ⅷ、Ⅸ浓缩剂:为冻干制品,每单位的因子Ⅷ、Ⅸ活性相当于1ml正常人新鲜血浆内平均的活性,每公斤体重注入1u的因子Ⅷ,可使体内因子Ⅷ的活性升高约2%,但注入1u因子Ⅸ仅提高活性0.5~1%,必须每12小时补充一次。

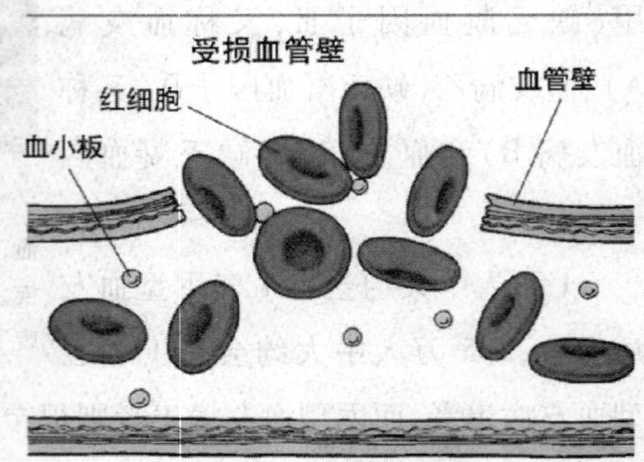

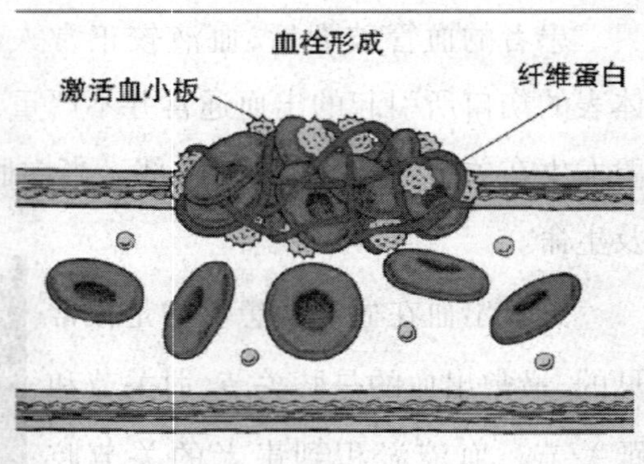

血管壁破损后会立即发生一系列反应激活血小板,使其粘附到受损区域。这种将血小板粘在血管壁上的"胶"叫做血管性血友病因子,至少有十种这样的因子参与这一系列反应。血友病正是缺少某一种这样的因子,导致无法凝血。

血友病在日常生活中应注意什么?

血友病关键在于日常生活中加强出血预防和护理,减少和避免引发出血。

①特别注意避免创伤,到医院看病时,要向医生、护士讲明病情,尽可能避免肌肉注射。家庭内做好各种安全防范,尽量避免使用锐器,如针,剪、刀等。

②平时在无出血的情况下,作适当的运动,对减少该病复发有利。但有活动性出血时要限制活动,以免加重出血。

③关节出血时,应卧床,用夹板固定肢体,放于功能位置,限制运动,可局部冷敷和用弹力绷带缠扎。关节出血停止,肿痛消失后,可作适当的关节活动,以防长时间关节固定造成畸形和僵硬。

性染色体异常疾病

人类在减数分裂或在胚胎发育早期的有丝分裂中偶然会产生性染色体的不分离或丢失而造成了合子的性染色体异常,这些个体也将会出现性别分化的异常。

性染色体异常有哪些类型?

高挑纤细的身躯,盈盈不足一握的腰肢,丰满的胸脯……每个女孩都梦想拥有玩偶"芭比娃娃"式的完美身材。动漫书中瘦削高大、肤白细腻、风神俊朗的"花样美男",则是女孩心中最理想的完美情人形象。

然而,在优生优育专家的眼中,真人版"芭比娃娃""花样美男"并非如此完美。事实上,造就他们特殊体态的"神秘之手"在赋予美貌的同时,也

为他们预埋下一生的遗憾——生育功能障碍。这只“神秘之手”就是性染色体核型。

“芭比娃娃”式女孩性染色体有何异常？

现实生活中的“芭比娃娃”细胞中可能多N条X染色体，也就是所谓的“超雌综合症”。准确地说，这种病叫做“XXX综合症”，又称“多X综合症”，正常女性的染色体核型为(46，XX)，而“超雌综合症”患者的核型主要有三种：多一条X染色体，即(47，XXX)，或者多两条X，即(48，XXXX)。广东甚至曾经发现过一名X染色体多达六条的女患者，核型表现为(50，XXXXXX)，极为罕见，以致有人戏谑地将“超雌综合症”女性，简称为“超女”。

拥有“芭比娃娃”式的身材是每个女孩的梦想，但现实中的“芭比娃娃”可能会有遗憾。

www. nipic. com/show/2/59/0a98ef0d9c05ddce. html

根据调查，“超雌综合症”在女性中的发病率高达千分之零点八，也就是每出生1250个女婴，就有一个拥有多条X染色体。患者母亲的平均年龄增高，表明染色体不分离现象主要发生在母方。

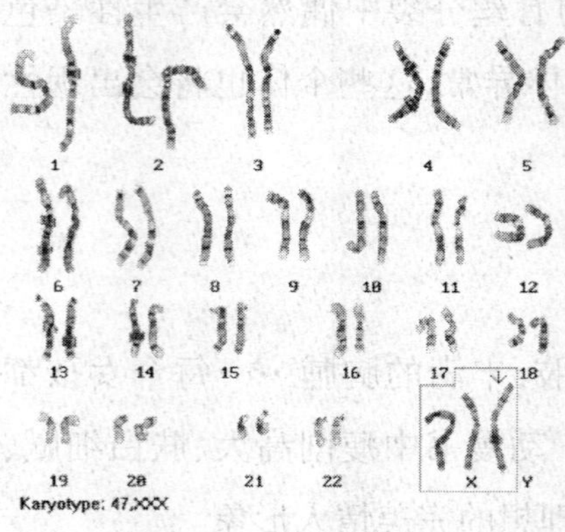

超雌综合症患者多1条或多条X染色体

http://www. biology. iupui. edu/biocourses/N100/2K2humancsomaldisorders. html

从外表上看，性成熟后的“芭比娃娃”身高比普通女性要高，身材苗条高挑，用医生的话来说，“躯干与四肢不成比例”，也就是双手在身体两侧平伸开，两中指之间的距离要超过身高，与“芭比娃娃”的瘦长型身体比例如出一辙。

在细胞内，X 染色体并非“多多益善”。由于“芭比娃娃”在生命之初从父母处多获得了若干条 X 染色体，胚胎发育时，多余的 X 染色体如同游击队，干扰了胚胎时期的器官发育，影响人体相应的功能。童年时期，漂亮的她们基本表现得和正常人一样，仅伴有轻微的智力低下，这也许就是民间流传“漂亮女人笨肚肠”说法的原因之一。

“芭比娃娃”仍可能具有生育能力，不过容易生育性染色体数目异常的患儿，因此一旦怀孕必须落实产前诊断，否则痛苦又将遗传到第二代的身上。

“芭比娃娃”式女孩还是有一定风险的

www. nipic. com/show/3/64/197b1a7b16693750. html

“花样男孩”性染色体有何异常？

“花样美男”患的是“克兰费尔特综合症”，简称“克氏综合症”，医学上又称为“先天性睾丸发育不全综合症”或“小睾症”。虽然是男人，他们的细胞中却多出一条 X 染色体，核型为(47，XXY)，是由于亲代减数分裂时，产生性染色体不分离所致，60% 的患者是由于母方，40% 是由于父方染色体不分离所致。

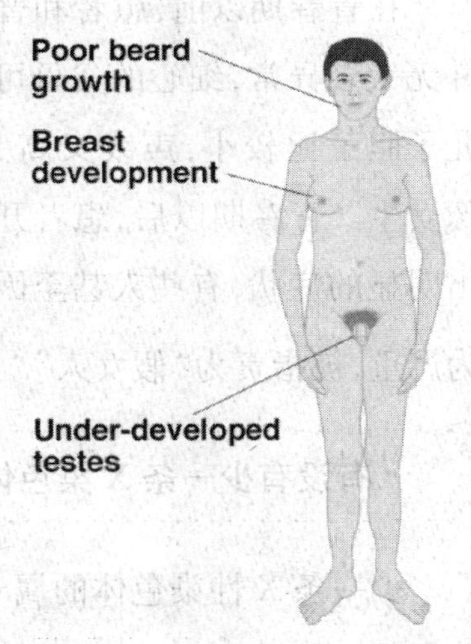

克兰费尔特综合症特征

http://www. anselm. edu/homepage/jpitocch/g

他们大多身材较高，两中指在身体两侧伸长后的距离比身高要长，皮肤白皙细腻。因为没有青春期性发育的过程，青春期以后他的阴茎、睾丸还像小孩那么小，且没有胡

须和喉结等男性第二性征，声音还是童音。正常男性的臀部比女性小，他们的臀部却较为宽大，阴毛相对稀少。大约一半的患者乳腺呈“女性化”特征，也就是因乳腺增生而长出小“乳房”。

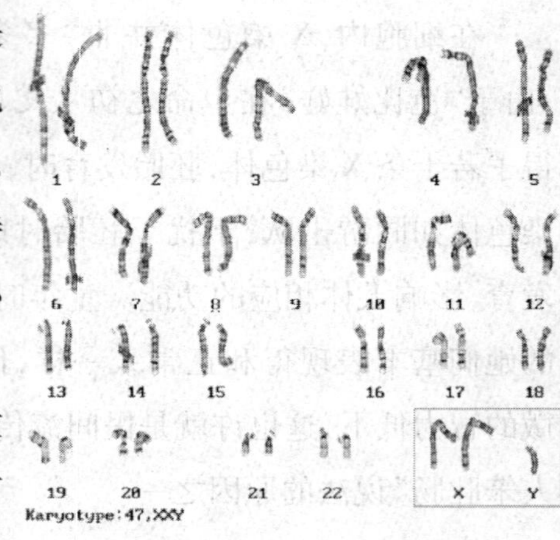

克氏综合症核型，多1条X染色体

http://www.biology.iupui.edu/biocourses/N100/2K2huma ncsomaldisorders.html

由于睾丸发育不全，患者雄性激素分泌不足，因此性欲低下，另一方面，雄性激素能够“燃烧”脂肪，因此，“克氏综合症”患者皮下脂肪较为丰富，皮肤好得如同女性一样，这是他们被称为“花样美男”的原因。有些患者索性变性，摘除男根，再造一副女性生殖器官变为女人。

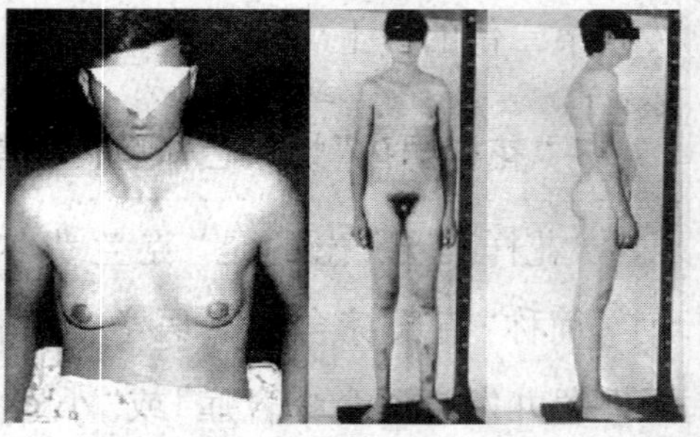

克氏综合症患者，多1条X染色体而表现出一定的女性化。

blog.sina.com.tw/bestmovie/article.php? pbgid=...

在青春期以前，患者和普通男孩并无太多异常，细心的父母可以发现儿子胆子比较小，声线又高又尖，很像女生。青春期以后，患者开始表现出明显的症状，有些人甚至因症状较为严重，被指责为“假女人”“小白脸”，导致自卑心理。

有没有少一条X染色体的女人？

少一条X性染色体的属于特纳综合症，也称先天性腺发育不良，性染色体异常，核型为X染色体单体（45，XO）或嵌合体（45，XO/46，XX或45，XO/47，XXX）。

两个性染色体中的一个全部或部分丢失所致的性染色体异常，常呈现女性表型。特纳综合症在活产女性婴儿中的发病率约为 1/4000，99% 的(45，X)在妊娠早期流产，80% 活产新生儿的 X 单体来自母亲，父系 X 染色体丢失最常见。

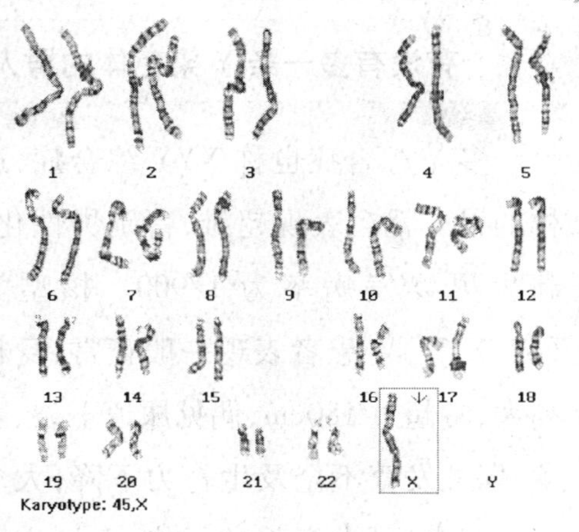

特纳综合症核型，少 1 条 X 染色体。

http://www.biology.iupui.edu/biocourses/N1

婴儿患者可在手，脚背部出现明显的淋巴水肿，颈后部淋巴水肿使皮肤皱褶消失。

然而有较多女性症状轻微，典型先天性卵巢发育不全综合症特征为：矮小身材，颈蹼，颈后发际低，上睑下垂，胸部二乳头距离宽，多发性色素沉着痣，第四(掌)跖骨短，指端有螺纹状皮纹，指甲发育不良，主动脉缩窄，肘部斜角增加，肾脏异常及血管瘤比较常见。偶尔会有消化道毛细血管扩张，伴肠道出血。

智力低下较少见，但一些患者感知能力不足，表现在考试成绩略降，数学方面尤为明显。90% 的患者由于性腺发育不全，青春期不能发育，乳房发育不全，无月经初潮，雌激素替代疗法可使青春发育。卵巢被纤维性条索取代，不能产生卵子。约 5% ~10% 的年轻女性有自发性月经来潮，极少数有生育能力。

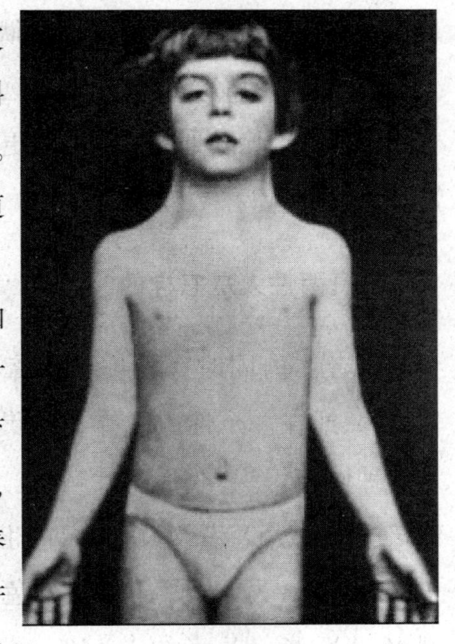

先天性腺发育不良症

resource.ahedu.cn/.../tbfd/g2sw/g2sw09/zdjj.htm

有没有多一条Y染色体的男人?

多Y综合症也称XYY综合症,这样的男人就会表现超雄,特别男性化。新生男婴发病率为1/900。核型为(47,XYY)。患者表现一般正常,身材高大,常超过180cm,偶见尿道下裂、隐睾、睾丸发育不全及生育力下降,大多有生育力,可生育正常子代,个别生育XYY子代。

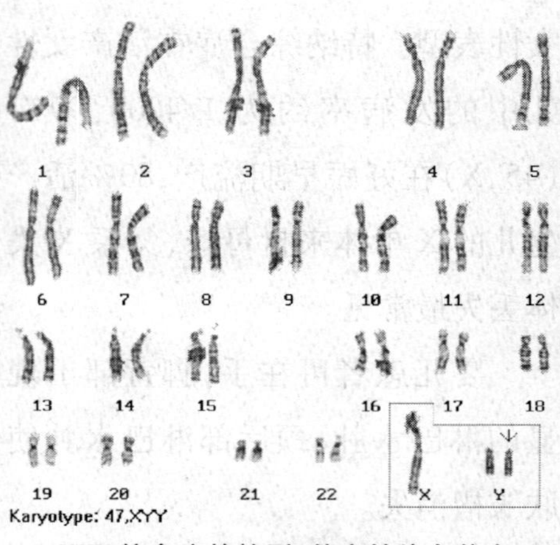

XYY综合症的核型,其中性染色体多1条Y染色体。

http://www.biology.iupui.edu/biocourses/N1

XYY个体易于兴奋,易感到欲望不满足,厌学,自我克制力差,易产生攻击性行为。有人研究发现,监狱男犯人中性染色体为XYY的比例就远远高于一般人群,所以他们更凶狠,更容易有反社会的行为。

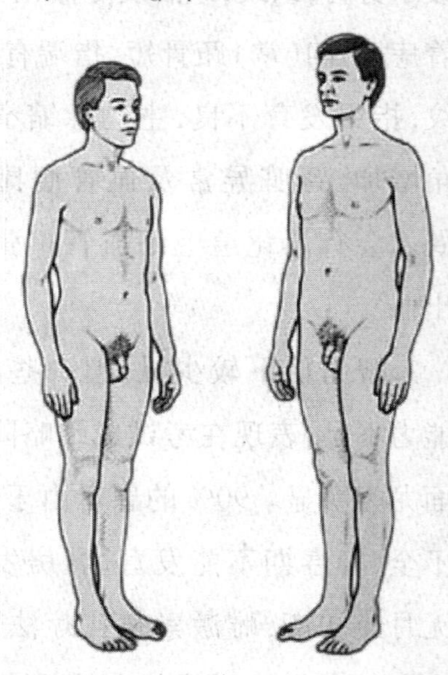

正常人(左)与XYY综合症(右)

www.dkimages.com/.../General/General-060.html

真两性人是怎样的?

患者体内同时存在卵巢及睾丸两种性腺,或在一个性腺内存在卵巢及睾丸两种性腺组织,故称两性畸形。染色体核型为46,XX者约占58%,内生殖器一侧为卵巢,另一侧为卵睾;染色体核型46,XX/46,XY者约占14%,一侧为卵巢,对侧为睾丸;染色体核型为46,

XY 者约占 12%，一侧为睾丸，对侧为卵睾。病因可能与基因突变、分裂异常等有关。

临床表现为外生殖器可呈男性型、女性型或混合型，但以男性型多见，约占 2/3。新生儿期多作为男婴抚养，常见隐睾及尿道下裂。外生殖器呈女性型者常伴阴蒂肥大，乳房均在青春期后有发育，但面部可能有男性征，大部分有子宫，但多发育不全或伴畸形，一半以上有月经或周期性血尿。检查生殖腺可见男、女两套生殖腺，但发育不全。

Y 染色体之争

Y 染色体一直是基因组中被大家所忽视的组成部分。造物主设计出的这个只在男性体内存在的染色体，除了把正在发育的胚胎变得肌肉发达和充满攻击性以外，似乎没有太多其他的作用。

但是 Y 染色体迎来了它的春天，对 Y 染色体的研究已经成为了基因组研究的前沿阵地。通过研究，科学家们获得了一些非常有意思的发现。

Y 染色体

acsweb. fmarion. edu/Barbeau/biosex. htm

Y 染色体如何来的?

在 3 亿年前，根本不存在 Y 染色体。当时，大部分的生物有一对相同的 X 染色体，而性别是由许多其他因素来决定的，比如温度(海龟、鳄鱼等两栖动物，一旦达不到一定的温度要求，所有的卵就都会孵化成雌性)。随

着戏剧性的生物进化，出现了Y染色体。这种染色体由哺乳动物体内的X染色体的某种基因变异而来。这种变异产生了专横的男性性别决定基因。它不再由那么多的环境因素所控制，男性世界也因它的存在而出现。

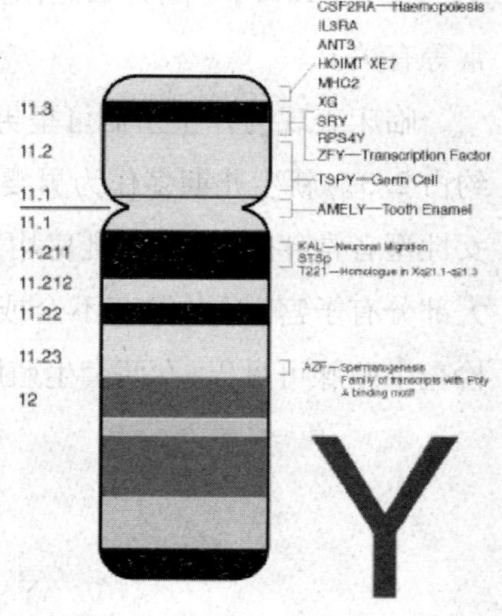

Y染色体上的基因

http://www.ucl.ac.uk/tcga/ScienceSpectra-pages/SciSpect-14-98.html

通常生物体内的染色体都是成对的，每一对都是一模一样，彼此频繁地交换相应的DNA片段，这种交换改变了遗传物质，有利于物种除去有害的变异。由于变异DNA区域在基因上的扩展，X染色体与其相配对的那条染色体之间的交换越来越少。随着时间的推移，Y染色体便诞生了。这个染色体演变故事的情节可以和任何一部小说相媲美。

Y染色体在进化过程中为什么会小？

人类原始的Y染色体包含约1500个基因，但是，在漫长的约3亿年的进化过程中，Y染色体功能逐渐退化，现在的Y染色体只含有约78个编码蛋白质的基因。有人预测，照此速度，再过1500万年，Y染色体将失去最后剩下基因。

Y染色体之所以会消亡，主要是因为Y染色体是男性独有的染色体，每个男性的Y染色体都是完全从父亲一方继承的。这条形单影只的Y染色体不能像其他染色体那样通过与“同伴”染色体相互交换基因而维持自身的稳定存在。基因突变会累积，而变异基因最终会从Y染色体脱落，因为它们不再发挥作用。这导致在上万年的进化史中，Y染色体会不断失去基因。

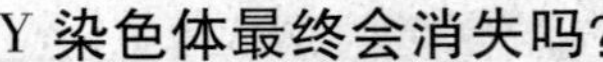

Y 染色体最终会消失吗?

在遗传的过程中,母亲的 X 染色体既可以传给儿子也可以传给女儿,而 Y 染色体只能由父亲传给儿子。因此,可以说 Y 染色体上基因突变造成的损失是永久性的,并且会在男性中代代遗传下去。依据这样的理论,由于 Y 染色体重组能力下降,不能有效更正出了问题的 DNA,会导致 DNA 链不断毁坏和缩短,从而使 Y 染色体上的基因逐渐丢失。

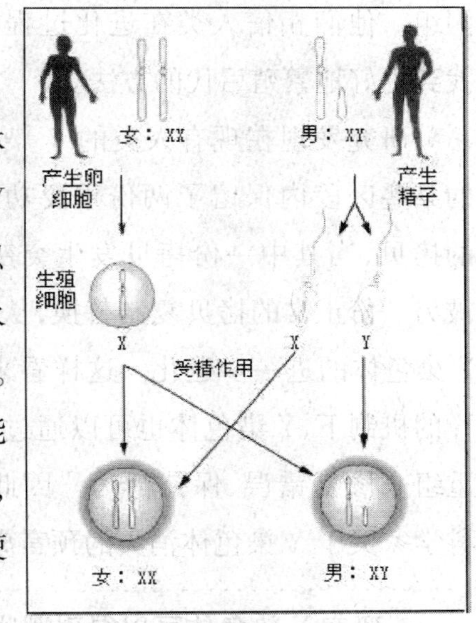

生男生女图解,生男生女决定者在于男方,几率各占一半。

有科学家预言:有朝一日,Y 染色体会失去决定男性的基因;更有科学家预言:1500 万年后 Y 染色体将可能消失。男子汉就不复存在了!如果这一切成为现实的话,即使不会给人类带来灭顶之灾,也会导致种属变化,也就是说人类将变成与现在不同的另一类物种。

关于 Y 染色体的命运,科学家们的看法不尽相同。一些科学家对男性将会消亡的观点不以为然,他们认为地球不会变成“女儿国”。尽管 Y 染色体的功能有所退化,但它不会彻底消亡。通过研究发现,Y 染色体可以通过复制其他染色体上的遗传基因来补充自己的基因库。这是反对男性大灭绝理论的更有力证据。还有的科学家提出,人类也许会在将来找到替代 Y 染色体功能的其他基

1500 万年后男人真的会消失吗? 西游记中的女儿国真的会出现?

http://hi.baidu.com/annhang2/album/item/al

因组。他们相信人类在进化过程中总会找到更好地繁殖后代的方法。

研究发现在现有人类的 Y 染色体上的某些区段内保留了两份重要功能基因的拷贝，当其中一份拷贝发生突变时，会被另一份正常的拷贝复制替换，从而阻止 Y 染色体的进一步退化。这样看来，在这样的机制下，Y 染色体也可以通过自身的重组来修复错误、保持活力。因此，那些科学家关于 Y 染色体消失的预言离现实也就变得遥远了许多。

Palindrome

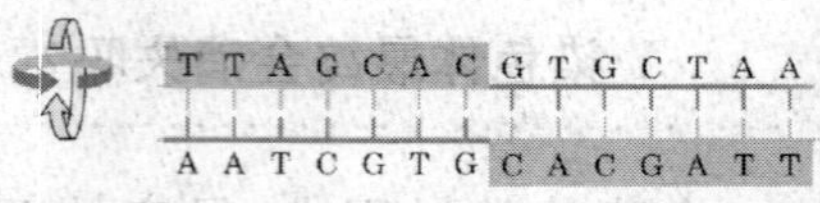

Mirror repeat

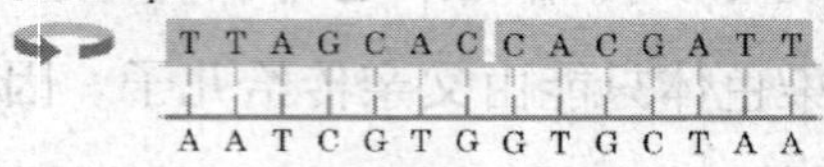

DNA 的回文结构，Y 染色体上有许多重复的“回文”结构，以“回文”结构排列的基因具有修复基因突变的作用，Y 染色体似乎表现得并不是那么脆弱。

http://web.siumed.edu/~bbartholomew/cours

研究 Y 染色体可以得到哪些信息？

寻找祖先

通过对 Y 染色体变异程度的测定，研究人员可以显示不同人种的男人是否拥有一个共同的祖先。比如居住在南部非洲的兰巴人属于黑色人种，但他们代代相传的说法是他们是犹太人，本来是住在也门的金属匠，后来迁居非洲南部，因为灾难的阻碍而被迫留在了当地。有的人就在当地娶妻生子，定居下来。经过研究人员的测试，发现兰巴人 Y 染色体的变异模式与犹太人种中的歌沙人的 Y 染色体变异模式很相近。另一项研究也发现，以色列人和巴勒斯坦人在 7800 年前拥有同一个祖先。

祖父　祖母　外祖父　外祖母

父　母

X染色体　Y染色体　子　女

Y 染色体在遗传中相对稳定，可用来研究人类的共同祖先。

www.huaxia-ng.com/0703/pekingman-images.html

基因考古学领域出现了量的飞跃。这些惊人的发现综合在一起，构成

了一幅宏大的画卷。著名的科学杂志《自然遗传学》发表了最新的人类系谱图,该图吸收了对 Y 染色体变异的研究成果。研究证实,人类的发源地在非洲。

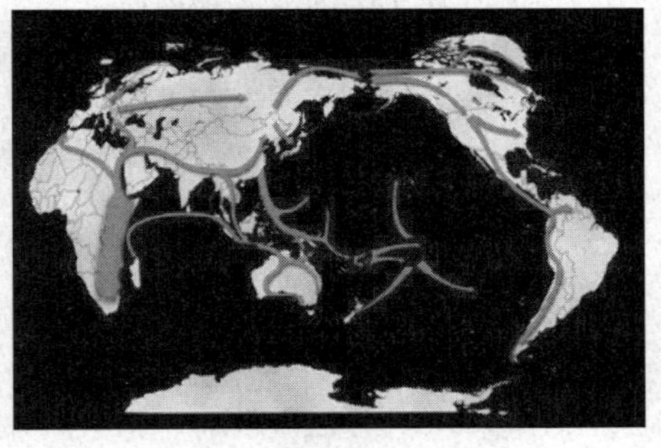

人类走出非洲路线图,通过研究 Y 染色体发现现代人起源于非洲。

www.51dh.net/magazine/html/200/200300.htm

过对 Y 染色体的研究,他认为欧洲人和印第安人的共同祖先是 4 万年前的中南亚人。

性战场上的武器

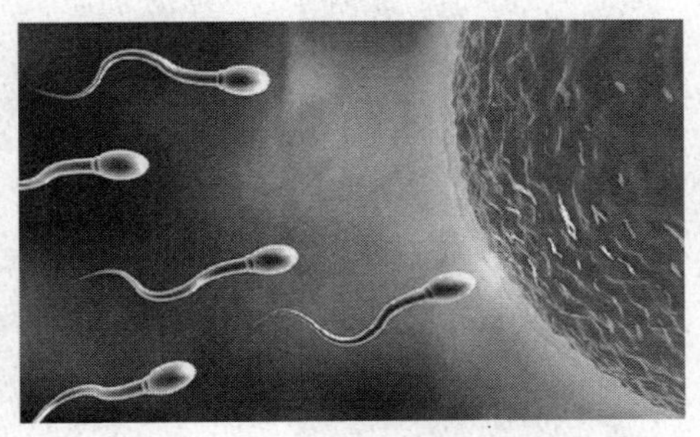

灵长类的精子含有对其它个体的精子有毒害作用的成分,破坏对方以获得竞争优势。

www.51dh.net/magazine/html/200/200300.htm

对 Y 染色体的研究还发现,性的斗争植根于基因的内部。男性的精子含有有毒成分,在一名男性的精子和另一名男性的精子相遇的时候,可以破坏对方,从而确保自己的竞争优势。人类的进化过程证明,精液之间的竞争是物竞天择的结果。在灵长类的动物中,黑猩猩是最好的例子,雄性黑猩猩能产生大量的精子。由于雌猩猩通常会和许多雄猩猩发生关系,所以产生的精子越多,和雌猩猩的卵子相遇的机会才越大。